高放废物地质处置库塔木素泥岩预选地段围岩特性及初步安全评价研究

高宏霞　刘晓东　刘平辉　著

中国原子能出版社

图书在版编目（CIP）数据

高放废物地质处置库塔木素泥岩预选地段围岩特性及初步安全评价研究 / 高宏霞，刘晓东，刘平辉著. 北京 ：中国原子能出版社，2025. 6. -- ISBN 978-7-5221-4232-6

Ⅰ. TL942

中国国家版本馆 CIP 数据核字第2025S98P33号

内容简介

本书是根据我国《高水平放射性废物地质处置设施选址》《高放废物地质处置研究开发规划指南》等指导性文件要求，围绕高放废物地质处置库泥岩预选地段围岩特性及其安全评价为主线和目标，在对我国厚层状泥岩分布区域进行广泛调查的基础上，从塔木素预选地段泥岩的特性着手，初步筛选了该地段的 FEPs 清单与安全评价相关的指标，并据此初步评价了预选地段泥岩的安全性。同时在试验研究、数值模拟和理论分析等基础上，结合现阶段场址筛选研究，对未来塔木素泥岩处置库运行进行了初步模拟。研究结果查明了预选地段泥岩岩石学特征与物理力学性质，筛选出了适合塔木素预选地段的 FEPs 清单以及相应的安全评价指标与安全模型。最终通过热、水、力耦合作用下模拟了未来塔木素泥岩处置库的运行情况。判别出塔木素预选地段泥岩安全类别与法国卡洛夫-牛津阶粘土岩（Callovo-Oxfordian）的安全类别整体一致，符合高放废物粘土岩处置库的选址要求。上述研究工作可为进一步开展我国高放废物地质处置库泥岩预选地段的评价提供科学参考。

本书可供放射性废物处置、辐射防护与环境保护等领域科技人员和管理人员参考；也可供高放废物地质处置、辐射防护与环境保护、地质学地质工程、环境工程、核科学与技术等专业师生阅读参考。

高放废物地质处置库塔木素泥岩预选地段围岩特性及初步安全评价研究

出版发行	中国原子能出版社（北京市海淀区阜成路 43 号　100048）
责任编辑	胡晓彤
责任校对	刘　铭
责任印制	赵　明
装帧设计	侯怡璇
印　　刷	北京厚诚则铭印刷科技有限公司
经　　销	全国新华书店
开　　本	787 mm×1092 mm　1/16
印　　张	10. 5
字　　数	263 千字
版　　次	2025 年 6 月第 1 版　2025 年 6 月第 1 次印刷
书　　号	ISBN 978-7-5221-4232-6　　**定　价　68.00 元**

前言

核能作为一种绿色能源，与传统化石能源相比，具有高效、安全、低碳等优势，因此，发展核能是调整我国能源结构、实现“双碳”目标的必然选择。但在核能利用过程中产生的高水平放射性废物（高放废物），如何对其进行安全处置已成为世界各有核国家迫切需要解决的问题。深地质处置被公认为是切实可行的安全处置方案。高放废物地质处置研发的首要任务是选择合适的处置库场址及围岩，而场址所具备的天然屏障条件是确保处置库安全运行的关键。目前我国花岗岩场址筛选已进入地下实验室阶段，但粘土岩（泥岩）场址的筛选尚处于规划选址与区域调查阶段，亟需在已筛选出预选地段上开展围岩特性及其初步安全评价等相关研究。

为进一步推进我国粘土岩（泥岩）场址筛选工作，结合已实施的高放废物地质处置规划研究项目，本书从塔木素预选地段泥岩的特性着手，初步筛选了该地段的 FEPs 清单与安全评价的相关指标，并据此初步评价了预选地段泥岩的安全性。同时通过试验研究、数值模拟和理论分析等，在现阶段场址筛选研究的基础上，对未来塔木素泥岩处置库运行进行了初步模拟，研究结果可为推进我国粘土岩场址的筛选提供科学参考。

本书分为 8 章，从技术层面探讨了塔木素预选地段泥岩岩石学特征与物理力学性质，发现预选地段泥岩不仅拥有传统泥岩的高核素阻滞性能而且拥有传统泥岩所不具备的优良工程建造岩石力学性能，还是一种不可多得的非常适宜作为高放废物地质处置库的新围岩类型。通过大量国内外高放废物深地质处置相关 FEPs 资料的调研，初步筛选了塔木素预选地段正常情景演化的内部因素和非正常情景演化的外部因素 FEPs 清单。构建了塔木素预选地段安全评价指标与安全模型、模拟了热、水、力耦合作用下未来塔木素泥岩处置库的运行情况以及塔木素预选地段泥岩安全类别判别。在这些章节中，根据高放废物处置设施选址的安全要求，结合室内试验、理论分析、数值模拟、定性定量评价等方法对塔木素预选地段泥岩工程地质条件、物理力学特性研究以及未来处置库围岩的安全性能进行了模拟与分析，最后从围岩安全特性角度进行分析评价。

本书由“高放废物地质处置库西北地区粘土岩地段选与评价”项目的部分研究成果凝练升华而成，本书的重点在于高放废物地质处置库预选地段围岩特性及安全性评价。全书由刘晓东、刘平辉、高宏霞共同撰写完成；第 1 章绪论由高宏霞撰写，第 2 章塔木素预选地段概况由刘晓东、刘平辉撰写完成；第 3 章塔木素预选地段泥岩物理力学特性研究由高宏霞撰写；第 4 章塔木素预选地段泥岩热—水—力三场耦合数值模拟分析在中国辐射防护研究院毛亮提供技术帮助下完成撰写，第 5 章预选地段 FEPs 清单筛选与情景分析、第 6 章塔木素预选地段安全评价指标与安全模型构建由中国辐射防护研究院李洪辉、东华理工大学刘帅提供相关资料高宏霞整理撰写；第 7 章塔木素预选地段围岩安全性评价分析由高宏霞撰写完成；第 8 章主要结论与展望，由刘晓东、刘平辉撰写。

本书得到了国家国防科技工业局项目“高放废物地质处置库西北地区粘土岩地段筛选与评价”（科工二司〔2014〕1587 号）、“高放废物地质处置库围岩—粘土岩预选场址的调查研究”（科工计〔2007〕826 号）的资助，出版得到了江西省高校省级一流学科、东华理工大学校级一流学科建设经费的资助。

本书的顺利完成得到了国家国防科技工业局、中国核工业集团有限公司、核工业二〇八大队、江西省核工业地质局、核工业二七〇研究所、陕西省核工业地质局二二四大队、核工业二〇三研究所、青海省核工业地质局、甘肃省煤田地质局、甘肃省核工业地质局、全国地质资料馆、中国地质调查局、中国石油化工股份有限公司胜利油田分公司、中国科学院武汉岩土力学研究所、核工业北京地质研究院、中国辐射防护研究院等单位的大力支持和帮助；同时得到了东华理工大学地球科学学院、核资源与环境国家重点实验室、土木与建筑工程学院、水资源与环境工程学院、地球物理与测控技术学院、江西省数字国土重点实验室、科研与科技开发处、计划与财务处等单位的支持和帮助；在本书的撰写过程中还得到了东华理工大学高放废物地质处置库粘土岩项目组成员的支持和帮助。在此对上述单位和有关人员表示衷心的感谢！

由于时间、精力和水平有限，书中难免有疏漏之处，敬请各位读者批评指正。

缩略词对照表

英文缩写	英文全称	中文译名
HLW	High Level Radioactive Waste	高水平放射性废物
ILW	Intermediate Level Radioactive Waste	中水平放射性废物
IAEA	International Atomic Energy Agency	国际原子能机构
FEPs	Features-Events-Processes	特征—事件—过程
No. 111-G-4. 1	Safety Principles and Technical Criteria for the Underground Disposal of HLW. Safety Series NO. 111-G-4. 1	高放废物地质处置安全原则和技术标准（安全系列 No. 111-G-4. 1）
DS334	Geological Disposal of Radioactive Waste, Draft Safety Guide DS334	放射性废物地质处置安全指南 DS334
No. SSG-14	Geological disposal facilities for radioactive waste. No. SSG-14	放射性废物地质处置设施 No. SSG-14
ICRP	International Commission on Radiological Protection	国际放射防护委员会
OECD/NEA	Organization for Economic Cooperation and Development/Nuclear Energy Agency	经济合作和发展组织核能机构
WIPP	Waste Isolation Pilot Project	美国核废料隔离试点项目
TSPA	Total Systerm Performance Assessment	美国尤卡山项目中的总体性能评价
SZ	Saturation Zone	饱和带
JNC	Japan Nuclear Cycle Development Institute	日本核燃料循环开发机构
AEC	Japan Atomic Energy Council	日本原子能委员会
JAEA	Japan Atomic Energy Agency	日本原子能研究开发机构
H12	Project to Establish the Scientific and Technical Basis for HLW Disposal in Japan. H12/H17	日本高放废物处置科技立项报告 H12/H17
AECB	Atomic Energy Control Board	加拿大原子能管理委员会
SKB	Swedish Nuclear Fuel and Waste Management Company	瑞典核燃料与放射性废物管理公司
SSM	Strålsäkerhetsmyndigheten	瑞典辐射安全局
SKI	Swedish Nuclear Power Inspectorate	瑞典国家核电检查局
SKB-SR-97	Deep Repository for Spent Nuclear Fuel SR97-Post-closure Safety	乏燃料处置库关闭后安全报告 SR-97
SF	Spent Fuel	乏燃料
BP	Back Propagation	反向传播

目录

1 绪论

1.1 选题背景及意义

与传统化石能源相比，核能具有高效、低碳、安全等优势。但在核能的利用过程中，核设施及反应堆的运行会产生大量高水平放射性废物（高放废物），如何对其进行安全处置已成为世界各有核国家需要迫切解决的问题。日本的福岛排污事件，更是再次引发国际社会对放射性废物的高度重视。目前，在国际上被广泛接受的放射性废物深地质处置方法再次备受关注。

随着核能事业的高速发展，从核电站卸载的乏燃料及其后处理将产生高放废物。中国核能行业协会报道，截至 2023 年 6 月 30 日，中国（未包含香港，澳门和台湾地区）共 55 台核电机组在运行，装机容量为 56 993. 34 MW（额定）[1]，目前各种类型乏燃料已累计超过 10^4 t。随着国家“双碳”目标的提出，我国能源结构调整和核电安全有序高效发展的战略不会变。因此，与安全处置高放废物相关研发任务尤为迫切。

安全处置高放废物，必须自力更生、立足国内[2-4]。当前核能发展和利用过程中，高放废物的安全处置与管理不仅是我国面临的重大挑战，也是持续发展我国核能事业和环境安全需求的重要保障。历经半个世纪的研讨，国际原子能机构（International Atomic Energy Agency，IAEA）和世界核国家广泛认同高放废物深层地质处置是最可行的技术解决方案。高放废物地质处置作为一项系统且极其复杂的工程，如何实现放射性核素通过多重屏障功能进行包容与阻滞是当前研究关注的核心问题，而其最根本的安全目标，就是满足公众的长期健康与环保需求。所以，深地质处置是目前研究持续时间最长、可行性最强、安全性最高且最具工程实用价值的处置方案。

合适场址的筛选，是高放废物地质处置首要解决的问题。场址条件则在长期处置安全过程中起到决定性作用。IAEA 综合考虑场址条件的关键性，制定了专门的地质处置安全要求。许多国家确定场址时特别慎重，对场址天然地质条件、建造条件、水文环境、交通及社会经济等进行了诸多研究。国际上除花岗岩外，主要核国家在研发高放废物地质处置时，泥岩（粘土岩、泥岩、泥质页岩均属泥质岩）场址筛选工作也是重要的选择。以法国、瑞士为代表的西方发达国家，通过花岗岩、粘土岩场址筛选以及长期地下实验室研究，最终确认了泥岩场址并将选用泥岩作为处置库围岩。日本、法国、比利时、瑞士等国在地下实验室研发基础上就其可行性已开展深入研究。开展比对围岩类型研究是放射性废物处置设施选址的基本依据，也是管理决策和审核过程中必须考虑的条件。为了确保高放废物地质处置设施的选址研究，2006 年国防科工委联合科技部、国家环保总局等共同发布《高放废物地质处置研究开发规划指南》（以下简称《规划指南》）。该规划指南明确要求对不同围岩类型场址进行比选研究与开发工作。此外，2013 年国家核安全局发布安全导则《高水平放射性废物地质处置设施选址》，为处置库场址筛选的工作提供了进一步指导。

我国于 1985 年启动高放废物地质处置库场址筛选研发工作。2010 年，在《规划指南》基础上，“十二五”期间，我国高放废物处置规划中，场址筛选和比选为重点开展内容，优先进行北山花岗岩预选区工作研究，并有序地推进地下实验室前期研发；明确指出甘肃、新疆、内蒙古等重点区域进行花岗岩场址筛选对比，西北地区重点开展粘土岩场址筛选[5-7]。2007 年 7 月，随着“高放废物地质处置库围岩-粘土岩预选场址的调查研究”项目的正式立项（以下简称“选址调查项目”），中国粘土岩场址筛选工作正式启动。该项目的成功实施，为中国高放废物处置库场址筛选提供了新理念，证明了适合高放废物地质处置的粘土岩存在，并据此推荐了粘土岩重点区域。2014 年 12 月，“高放废物地质处置库西北地区粘土岩地段筛选与评价研究”（科工二司〔2014〕1587 号）项目研究正式获批（以下简称“粘土岩项目”）。

本书针对目前国内粘土岩处置库场址筛选的阶段性需求，以塔木素泥岩预选地段（以下简称“预选地段”）巴音戈壁组上段（K_1b^2）湖相沉积泥岩为研究对象，探讨目标层泥岩岩石学特征与力学特性关系，并初步筛选预选地段 FEPs 清单与国内外粘土岩围岩安全类别对比，以系统开展泥岩围岩特性及其初步安全评价研究。结合预选地段钻孔岩芯和相关资料，基于预选地段区域调查、工程地质条件分析以及国际高放废物处置库安全处置现状与选址准则，提出了预选地段的 FEPs 与评价指标。在此基础上，通过对拟建处置库围岩特性的分析，开展了预选地段围岩的 THM 耦合模拟及安全性评价。本研究采用定性定量的综合评价方法，对塔木素预选地段泥岩的安全特性进行了系统分析，以期深入认识预选地段围岩的安全性，为其建造和工程条件提供科学支持，并为我国粘土岩场址的筛选与评价提供参考。

1.2 国内外高放废物地质处置概况

1.2.1 处置库选址准则与安全评价研究现状

从 20 世纪 50 年代开始，对高放废物地质处置国际上开展了很多研究，并取得了一定的成果。与此同时，有核国家还提议了多种处置办法（见表 1.1），但最后处置方案因各国有关政策的不同而有所差异。但无论何种方案，从其成本、风险或法规上考虑，都不太现实[8-10]。经过多方长期验证，只有“地质处置”方案才是目前公认的最安全、最可靠的方案。其特点是具有良好的隔离性、长期的稳定性等。在 21 世纪初期，大部分国家已通过了高放废物地质处置方案，且对其进行了大量的研究，但目前为止，还没有一座可供实际使用的处置库。

表 1.1 高放废物处置相关方案

	处置方法	废物处置基本理念	可行性
	太空处置	放置到宇宙或其他星球	技术不可行，风险大，成本高
	冰层处置	南极冰盖下深埋	未获国际法规公约许可
	嬗变处置	通过技术处理，分离高放射性核素，将其变成短寿命核素	技术上困难，成本高，效果未知
	海岛处置	封存于无人的海岛	未获国际法规公约许可
	海底处置	处置于深海底深层沉积物中	其风险和利益正在评价
深处置	深岩层熔融处置	不经处理的高放废物排入深部熔岩	尚未进行
	超深钻孔深埋处置	地下 3~15 km 深的超深钻孔中处置	技术上困难，费用高
	地下巷道地质处置	合适场址地下 500~1 000 m 开挖巷道处置	研究深入，技术可行

（1）IAEA 的选址准则与安全评价工作

在技术报告系列、安全系列以及技术文献等已发表的技术文件中，IAEA 的选址准则为高放废物地质处置的选址提供了完整的详细记录。1981 年、1982 年，IAEA 就深地质处置场址的选取提出了相关建议。内容涉及地貌、陨石冲击及关于地下处置固体放射性废物等安全建议。在 1989 年和 1994 年先后公布地质处置的技术标准、安全原则及处置设施的安全导则（安全系列 No. 111-G-4. 1）[11-12]。IAEA 将场址选择划分为 4 个阶段，即：初步设计与规划、区域全面调查、场地特性评估、场址确定。2007 年 IAEA 发布的 DS334[13] 取代了 No. 111-G-4. 1 安全导则。在 DS334 中，提出了 23 条关于地质处置的基本原则，但与 No. 111-G-4. 1 的安全导则相比，DS334 的内容在原则上无本质差别。

IAEA 组织可按照安全要求、安全原则和目标、安全评价方法等进行划分高放废物地质处置安全评价工作，见图 1. 1[11-17]。

总的来讲，高放地质处置安全评价方法必须掌握有效的处理工程、场址等相关信息，从而建立相应的分析模型，并建立相应的可信度保证方法。

（2）国际放射防护委员会（ICRP）的选址准则与安全评价工作

20 世纪末，ICRP 发布了《用于长寿命固体放射性废物处置的辐射防护建议》和《放射性废物处置的放射防护政策》，就放射性废物地质处置的安全目标、安全评价方法以及放射防护体系明确了具体的应用原则[18]。具体涵盖保护子孙后代、重点人群、潜在辐照风险、最佳防护以及技术管理与辐射防护等原则的一致性[19-20]。ICRP 的提议内容如下[21-23]：

①关键性评价。需要在评价中使用尽量符合实际情况的模型和参数，以避免过于保守，防止造成资源严重浪费。因此，不能简单地照抄已有的国外评价模型，而是根据场址

的特定情况，最后确定评价模型。具体评价模型，是在国际上已有模型基础上（尤其是地下实验室），对其进行反复验证和改进，最终确立相应的评价模型。

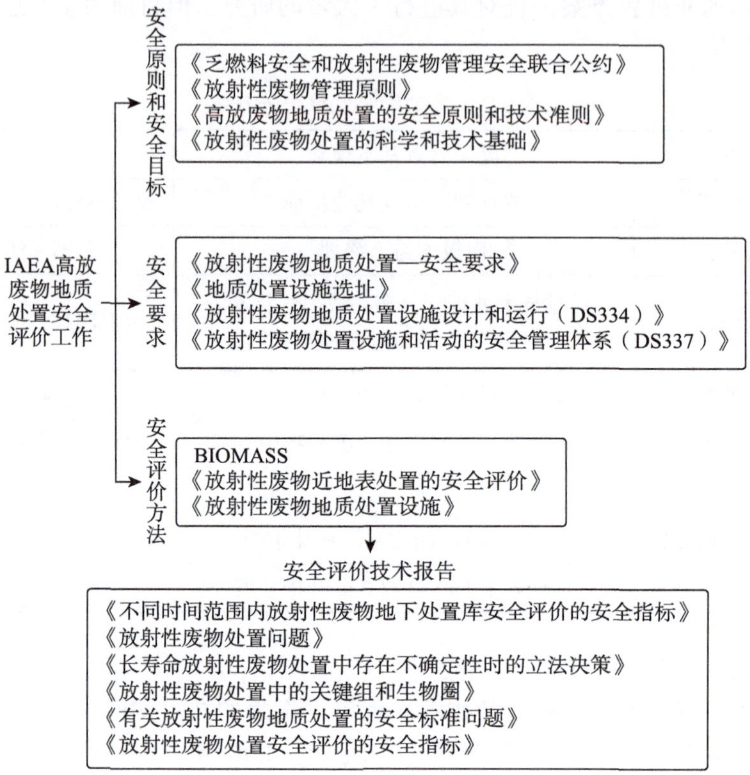

图 1.1　IAEA 组织的高放废物地质处置安全评价有关工作

②在安全评价定量分析中，重点关注相关内容的不确定性，如安全评价模型、处置系统参数、未来地质环境条件等。

③进一步强化核素潜在照射和存在风险概率的分析预测。长寿命放射性核素的潜在风险尚不清楚。

④标准化、简单化的方法可适当应用于长期安全分析和环境影响评价。如构建关键群体和生物圈虚拟模型、对人类入侵的假设等。这将大大降低安全评价方法选择的难度，并减少很多不必要的争议。

（3）经合组织核能署（OECD/NEA）的选址准则与安全评价工作

NEA 一直是国际上推动高放废物地质处置研究的重要力量，已设置了多个关于处置安全评价的专门工作组，近年来在高放废物地质处置安全评价方面做了许多非常有意义的工作，主要包括研发评价方法与安全方案、总结同行经验并进行评议以及社会学问题的评价等[24-26]。

NEA 通过分析不同国家的安全评价实践，就当前安全评价的发展趋势以及主要存在的三个问题进行了概括[27]：

①处置库各构成部分性能以及它们对整个系统的安全性影响；

②科学预测处置库长期安全；

③安全性能和长期性能的不确定性分析。

就此，NEA发布了多份技术文件[24-40]，重点围绕安全评价方面进行了总结（见图1.2），如安全监管要求、评价时间、评价指标与方法、FEPs与情景分析、核素迁移、可回取性、验收标准、不确定性管理、安全认知以及公众参与等相关技术与方法。此外，NEA通过同行评议，对十余个国家所开展的阶段性安全评价提出了一些建设性意见。

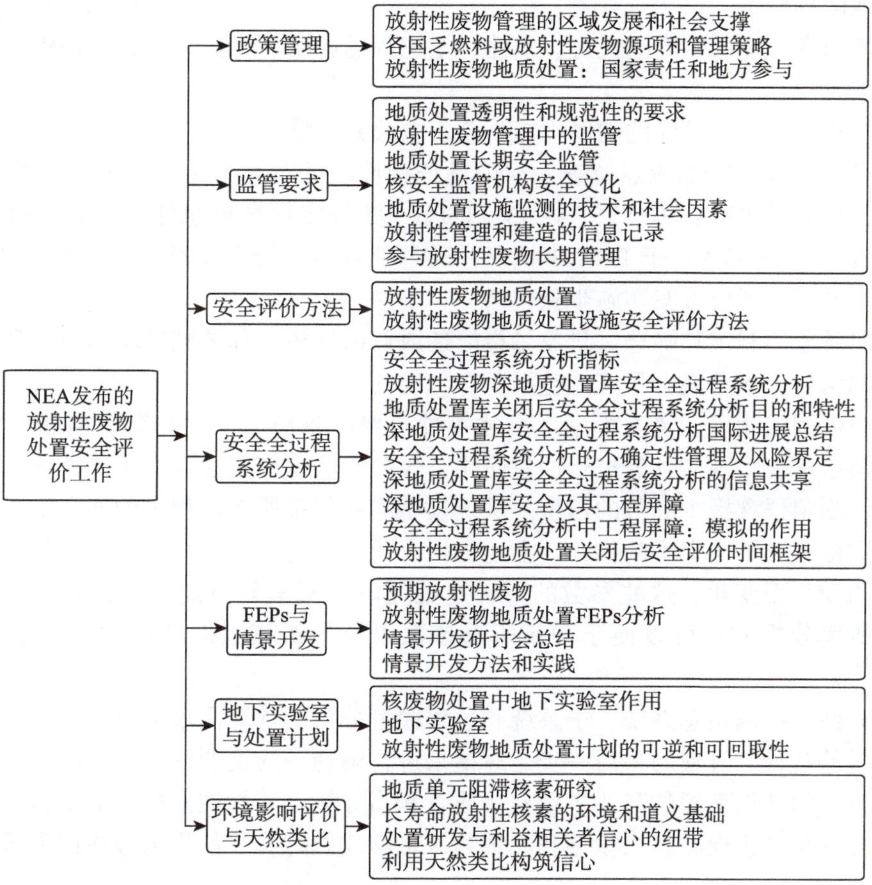

图1.2 NEA开展高放废物地质处置安全评价方面工作[27-40]

（4）美国的选址准则与安全评价工作

自美国科学院20世纪50年代首次提出“地质处置”这一概念开始，经过近50年的研究，已经完成全球首个、目前唯一的放射性废物深地质处置库-WIPP（处置超铀废物）。美国相继发布了高放废物处置库的选址准则（能源部，环保局，核管署和国会等）[41]。具体选址准则[42-44]可概括为10个方面：

①场址规模足以建造一个深埋于地下的处置库，围岩的厚度与宽度足以将废物与生物圈完全隔离，不会对周围环境造成任何影响。

②水文地质条件可降低废物与地下水接触，阻滞、隔离、吸附核素由处置库进入生物圈，且具有一定可模拟性。

③地球化学过程中，有阻滞、隔离、吸附核素作用。

④地质环境满足处置库安全要求（如建造、运行以及关闭等条件），并能够承受相应

的环境条件改变。

⑤可接受的构造环境条件。如识别地震、火山以及第四纪断裂对处置安全的影响。

⑥人为因素作用，场地的绝对所有权和利用情况所处历史状况。

⑦地表特征。处置库的运行不受地形及地下水、气候变化等相关因素影响。

⑧对公众健康的危害降到最低。远离居住区，处置库的运行以及废物的运输尽量在人口密度小地区进行。

⑨环境因素。降低对周围大气、水体、土地等的影响。无论是正常还是极端的环境条件都不能被忽视。

⑩社会和经济。处置库的辅助设施不会影响公共环境。

1989 年始，美国开始重点调查尤卡山场址特性。针对尤卡山处置库在高放废物处置各个阶段，总结了 TSPA-91、TSPA-93、TSPA-95 等多项场址总体性能评价报告。可行性评价报告（TSPA-VA）于 1998 年拟议，通过处置库综合系统性能论证场址的可行性。该报告中主要安全评价方案实施步骤包括：

①辐照景象的制定和筛选。景象是指能造成放射性核素释放到环境的一系列特征、事件和过程的组合，景象集合尽可能包括所有可能的辐照途径。

②适用模型的制定。建立模型来描述每种重要的景象，采用计算模型和程序完成计算。计算模型常常对现实景象进行抽象简化，仅包含假定辐照途径的主要特征；对单个体系的分析，制定仅含极少细节的模型。系统模型需要包括所有过程中的所有主要现象。

③参数范围和不确定度的估计。上述的所有模型具有不确定性。围岩的相关参数随空间和时间的变化而变化；这些参数的不确定性应该由概率分布函数来表征，而非单一数值。采用概率分析方法可以便于分析所选参数以及分析核素对环境和人类造成影响的风险。

④计算性能。满足总系统、子系统和过程模型分析的计算需求分析。

⑤结果的解释。过程的最后一步是对结果进行解释。为说明整个分析的反复性质，使用确定性模型的结果来评估和改进景象；或者来指导场址特性调查的附加试验、预想的处置库设计和修正分析模型。当模型和参数输入足够成熟时，才能作为最终评审版提交相应评审单位。

TSPA-VA 还考虑了有可能破坏其性能的 5 个事件：

①地震。采用各种景象表述了地震对处置库造成的破坏，包括：岩塌破坏废物包装、流场变化、断层移位和地下水位上升等。

②火山活动。考虑了直接释放火山景象，该途径不是对场外公众组剂量的重要贡献者。

③临界。乏燃料潜在临界最可能发生在罐内，假定 15 000 年某个特定罐内乏燃料发生潜在临界，仅造成对场外剂量的中度增加。

④人的闯入。假定处置场关闭 10 000 年后，某个人在开发地下水的过程中无意闯入处置库系统，钻井钻穿处置库，甚至继续钻至饱和带（SZ）层位，然后废弃此钻孔。假定废物大范围被粉碎，并沉积于 SZ 的顶部，可供地下水向下游输运至可接近的环境。

⑤气候改变。气候改变对处置库性能预测有明显影响。基于现有的知识水平，专家认为，已持续数千年的冰期将不可避免地结束。根据过去的冰川年代的相关资料，预期的冰

川作用不大会到达尤卡山南面。在处置库区域范围内，将会有显著的降温和降水增加。尤卡山雨水的渗入率将从 7 mm/a 增加到约 40 mm/a。

尤卡山处置库长期安全评价综合系统性能的构成[2]包括：性能退化（废物体、废物包装以及防滴水罩）、系统环境（工程屏障）、核素迁移（工程屏障中、非饱和带流场、饱和区域流场等）以及生物圈性能等，详见图 1.3。

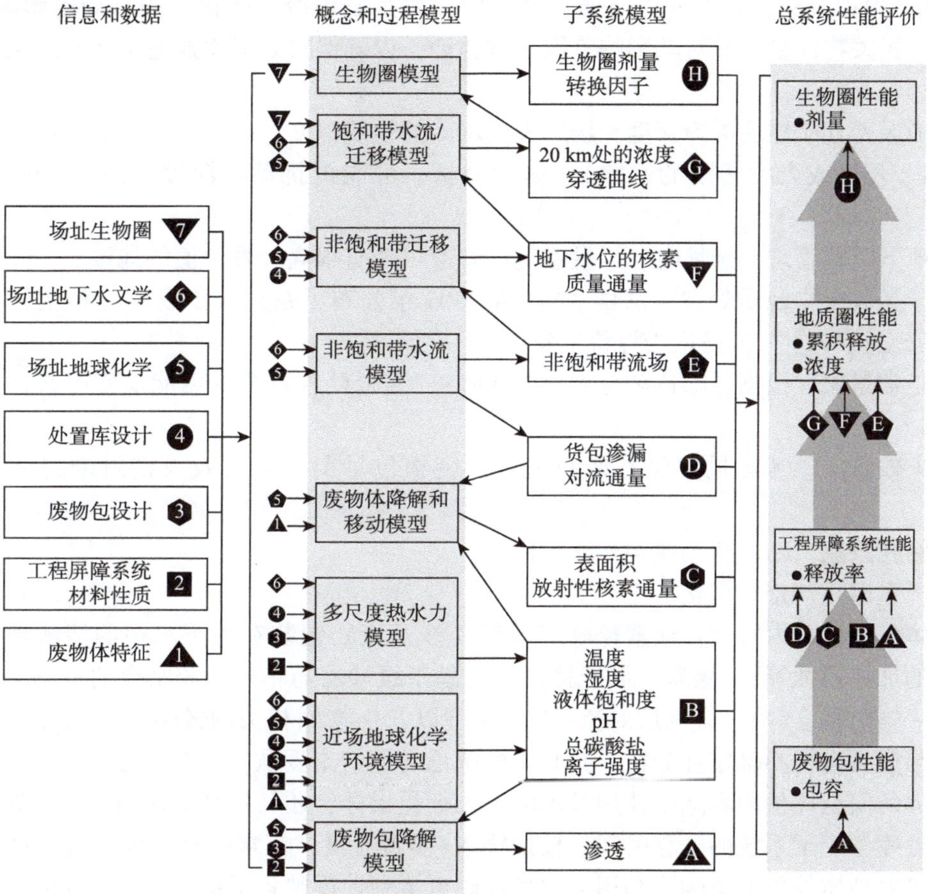

图 1.3 美国尤卡山处置库系统性能评价模式[2]

（5）法国的选址准则与安全评价工作

法国在处置库选址准则方面做了大量工作。法国 ANDRA 2005 年制定了选址准则，其中无具体的定量指标要求[45]，大多为定性描述，相关内容总结如下：

①场址稳定要求。从处置库安全角度考虑，地质活动（地震、冰川、新构造运动等）的相关作用保持在可接受范围内，且稳定性至少维持 10 000 年。这一时期的变化应有限且可预测。应结合当前地质现象定性定量的评价所选场址。

②水文地质要求：优先考虑低水力梯度场址，拟建造场址围岩渗透性极低。水文地质测量大范围开展，以补给区—排泄区为研究对象，开展可利用区域地下水流的方向和强度模拟。岩体结构的非均匀性、不连续性，可能会对地质屏障的作用产生影响，因此需要对其地质特性进行相应的评价。

③地球化学特征，是否影响工程屏障特性及其阻滞放射性核素潜在的迁移能力。为了分析放射性核素迁移条件，必须定量描述处置系统的地球化学特征。在此基础上，对围岩及建造材料的物质组成进行矿物学分析，并开展与温度和辐射等相关的地球化学演化试验及模拟分析，特别是粘土矿物在其中的作用有待进一步研究。

④围岩的热特性和力学特性。此内容直接影响到处置库的建造、运行以及关闭。经过热-力耦合模拟方法，开展处置库的力学效应，尤其是预冷、废物罐的布局等影响研究，可以获得相关物性参数并对其影响范围进行验证，以确保对处置库建造、运营及关闭无明显影响。

⑤确保处置库地质屏障深度。场址天然屏障的预期深度，必须确保处置库的隔离性能（如地震、侵蚀或人类活动的影响）。据此分析，可能被扰动的深度在地下 150～200 m 之内。

⑥地下资源管理。选址时，尽量避免已知或可能有很高开发价值的地区。

对于高放废物地质处置，法国 ANDRA 2005 年公布了系列关于场址（粘土岩和花岗岩）的安全报告[46-48]。该报告评价景象：

①正常景象。根据已筛选和分类潜在 FEPs，结合处置系统的可能演变因素，如气候变化等。

②失效景象。考虑勘探钻孔密封失效、废物包早期容器失效或密封未完全等失效景象。

③钻孔景象。断层活动或剧烈冰川作用。

④严重退化与景象变化。

具体建立模型内容为：核素释放率模型（涉及废物包装在地下水中的溶解性、放射性分解的加速侵蚀等）、核素扩散迁移模型（基于缓冲层与粘土层相结合的近场热—水—力—化—辐射耦合等）、含水层对流-弥散模型以及生物圈相关的模型。利用确定性理论对景象与模型进行不确定性分析，并利用概率论（蒙特卡罗法）分析参数[2]。

具体的安全评价内容除了使用基本的个人剂量指标，还利用其他辅助指标。如研究核素在处置库各个子系统的迁移时间、核素输入/输出通量、核素的衰变以及含水层中核素的浓度等对地质处置的影响。利用上述指标既可清晰地反映各子系统的安全性能，又可以减少对生物圈模拟的依赖，进而避免了对生物圈不确定性直接分析的难题。

（6）比利时的选址准则与安全评价工作

比利时关于处置系统的非放射性影响规定，重点确定以下各项温度场的极限值：

①场址范围内的热负荷容许<100 kW/a。

②温度在 90～120 ℃的时间≥10 年。

③处置巷道粘土层与衬层之间的接触面温度<120 ℃。

④在粘土岩上盖层与砂层界面处温度上升小于 5 ℃。

⑤地表温升不超过 0.5 ℃。

比利时的安全评价工作主要简述为：处置系统的废物体、工程屏障、围岩、含水层及生物圈的性能评价。

（7）日本的选址准则与安全评价工作

1976 年，日本原子能委员会（AEC）提出了高放废物管理建议，并将重点放在深地质处置方案和研发战略规划，标志着日本正式开展高放废物处置研究。JNC 在 2000 年发表了《地质处置安全评价报告》（H12 报告）[49]，总结了日本高放废物地质处置截至 2000 年度研发成果，论述了高放废物地质处置技术的可靠性，形成了今后研发的科学和技术基础，也标志着“一般性”研发阶段的结束。2000 年日本发布《特定放射性废物最终处置法》[50]，并依法成立了高放废物处置实施组织（NUMO，现已更名为 JAEA 日本原子力研究所），此后研发活动转入了“特定场址实施阶段”，并重新制定了国家计划框架。根据“特定放射性废物最终处置法”和国家计划框架，日本高放废物处置库的选址包括初步调查区、详细调查区、处置场址最终确定三个阶段，另外法律也规定，要制定单独的高放处置安全规定。

AEC 发布地质处置导则中，确定了现阶段的安全评价目标：

①在日本特定的地质环境条件下，建立适用于不同情况处置库设计可靠的安全评价方法；

②日本的安全地质处置可行性评价；

③为安全准则的制定和场址选择提供技术依据。

日本的安全评价没有具体的场地和围岩类型，而是充分考虑日本地处构造活动带的特殊性，力求其安全评价方法学适用于复杂的地质环境[2]。

日本的 H12 报告为达到全面明确的安全评价目的，在评价过程中使用了系统景象和确定论方法，并结合相关案例对各屏障系统以及生物圈可能发生的情景进行了分析模拟。在此基础上，利用长时间的溶蚀试验得到的相关数据，建立玻璃固化体中核素溶蚀的数学模型，并基于此计算固化体表面和膨润土中核素源项的溶蚀速率。核素迁移模型是简化的“多元一维模型”，模拟地下水渗流过程中对流-扩散、吸附、衰变，还进一步研究了基质和导水断层中主要的衰变链增长。提出了近场开挖扰动带的快速不可逆线性吸附以及瞬时混合假设。H12 报告安全评价模型图如图 1.4 所示。

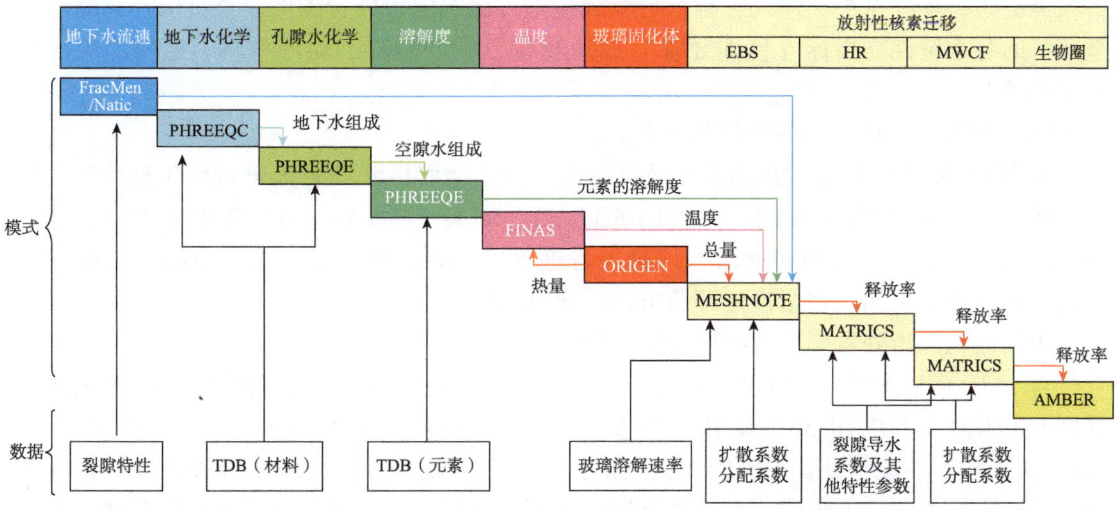

图 1.4 日本高放废物地质处置安全评价模式图（H12）

之后日本的 H17 报告在 H12 报告的基础上主要有四个方面的改进：

①扩展了核素迁移的数据库，以提高数据库的置信水平。

②开发了新的评价模式，以改进评估模式和参数的不确定性。

③安全评价方法学的改进，完善景象分析和选择方法，增加了整个安全评价方法的可追溯性和透明性。

④评价方法适用性验证。利用改进的数据库，采用了大量现场实验数据，开发的核素迁移关键过程模式。

(8) 其他国家选址准则与安全评价工作

1980 年、1984 年德国和瑞士分别出台了核废物处置的相关导则。德国的规定为核废物处置的场址选择提供了技术上和地质方面的基本指导。1987 年加拿大 AECB 发表政策报告，内容涉及核废物处置的管理目标、要求和指南。英国 1991 年公布有关固体放射性废物陆地处置方案，就相关辐射防护目标做了规定。瑞典与瑞士两国的辐射防护和核安全主管部门，联合发布一份关于放射性废物处置的咨询文件，并将其作为立法指南，该文件包含辐射防护、安全评价和选址等方面内容。匈牙利的第 62/1997 (X1. 26) 号法令规定了 3 项要求[51]：

①进行地质结构适宜性调查研究；

②对放射性废物处置项目的选址、地质适宜性进行阶段性划分，并详述了各期的研究计划；

③以地质条件为依据，确定地质研究计划的详细内容。

1993 年欧共体与北欧 5 国（瑞典、丹麦、挪威、芬兰和冰岛）的核安全机构发布了《高放废物处置的若干基本准则》，将选址从直接影响地质介质、处置系统安全以及政治与社会等因素进行划分。具体内容涉及地质稳定性、构造、水文及地球化学参数、水陆环境、土地权属、区域自然经济状况以及潜在的不可预见的风险，等等。

瑞典安全评价报告指出[52]，处置库随着时间的变化可能存在的安全问题及相关后果。处置库的基本安全原则是确保其隔离和阻滞功能。SSM 关于乏燃料最终处置规定，从保护人类健康、环境保护、侵入影响、后代利益等方面规定了处置库的安全目标。同时就安全评价的各系统性能指标（性能要求）即废物罐、缓冲材料、回填材料、地质圈等提出相关要求。

(9) 国内选址准则与安全评价工作

20 世纪 80 年代以来，我国关于处置库选址和安全评价开展了大量调研工作[2,53]。我国对法国、美国（TSPA-2002、尤卡山处置库）、瑞典（SKI-Site-94、SKB-SR-97）、日本（H12 报告）、加拿大等的环境影响评价报告进行了调研。在此基础上，总结了这些国家在安全评价技术及相关安全性能评价方面的研究进展。

①国内花岗岩处置库选址准则与安全评价工作

自 1985 年，我国关于选址准则进行了大量研究。借鉴《高放废物地质处置设施选址导则》（HAD 401/062013），结合国外选址经验和国内地质条件的基础上，参照 2013 年 IAEA 关于放射性废物处置设施的选址准则，具体设为规划选址、区域调查、场址特性评价与场址确认 4 个选址阶段。而选址准则按照环境条件、地质条件、未来自然条件、水文地质、地球化学特性、建造工程条件、人类行为、交通条件、土地利用、社会经济等划分。

我国颁布《规划指南》后，较为系统地开展了高放废物地质处置安全技术的工作。

主要包括：潘自强、钱七虎院士开展处置安全方面的战略研究工作；2005 年，在科工委支持下，中国辐射防护研究院调研了安全评价研究现状，建立了基本适用于中国当前安全评价总架构。经国防科工局批准，2008 年开展了安全目标与安全要求、处置库参考设计、北山场址的初步安全评价等相关课题[54-55]。

此后，陈伟明等系统地分析研究了北山预选区的高放废物地质处置[56]，刘帅根据国际 FEPs 清单与筛选方法，对北山预选区开展了 FEPs 相关研究，国内花岗岩地质处置的 FEPs 得到初步筛选[57]。2012—2015 年，国际合作条件下（美国 INTERA 公司）开展了多项研究，主要在北山预选区新场、沙枣园和算井子等地段进行。另外，引入 GEN-II、EQ3/6、SWIFT 等软件程序并进行了初步学习与吸收[58-60]。根据现阶段安全评价项目的进展，其安全评价工作具体见表 1.2。

表 1.2　当前安全评价成果及待解决问题

当前安全评价取得主要研究成果	完成安全评价准则、指标体系、处置库安全要求和安全功能研究
	构建了安全评价框架体系、审管体系及法规和标准
	完成安全评价及环境影响等信息存储和管理系统
	完成处置库情景集和 FEPs、模拟了核素释放和迁移模式
待解决问题	废物体、废物罐功能退化的相关支撑理论及数据
	核素在非饱和带或者裂隙中的迁移
	各组成部分之间相互作用的系统模型
	地下水补给或入渗测定技术
	完善胶体处理、水文、地球化学等三维模型及数据处理
	导水通道（地下水）的预判技术及影响
	气体与地下水的流动过程等模型
	温度在处置库内的变化过程及数据支撑

②粘土岩（泥岩）处置库选址准则与安全评价工作

我国粘土岩（泥岩）处置库场址研究启动较晚，相关安全评价的研究尚处于初级阶段。东华理工大学等在参照国外粘土岩处置库有关的选址准则基础上，综合国内《高水平放射性废物地质处置设施选址》的 10 个因素，初次拟定出中国粘土岩处置库选址准则[61]，见表 1.3。

表 1.3　我国粘土岩处置库相关的选址准则

选址准则	相关要求
地质条件	A. 规划选址阶段：预选区调查范围>2000 km^2；区域调查阶段：预选地段面积应>200 km^2；场址调查及确认评价阶段：推荐场址面积>10 km^2
	B. 涉及范围宽度>2 km
	C. 厚度连续>100 m（目标层垂向上）

续表

选址准则	相关要求
地质条件	D. 目标层埋深为 300~1 000 m 范围内
	E. 能够阻滞核素迁移的矿物含量高
	F. 目标层应大部分或整体均质
	G. 目标层产状平缓
未来自然条件	A. 百万年内无火山活动
	B. 活动断层距场址>5 km
	C. 极端地质、气候、气象灾害等破坏性的发生可能性小于 10^{-6}
	D. 区域地震运动峰值加速度低于 0.2 *g*
	E. 具体的自然条件相关的选址准则
	F. 场址远离地震带
水文地质	A. 地下水水力梯度较小；地下水位埋深>处置库埋深
	B. 场址调查、确认评价阶段：岩体渗透系数<1×10^{-10} m/s
地球化学	A. 粘土中活性物质少
	B. 目标层地下水年龄>50 年
	C. 粘土岩体中的放射性物质等效扩散系数<1×10^{-10} m^2/s
	D. 不考虑有明显核素迁移通道与吸附性差的岩石
	E. 宜选地下水 pH 为 6~9
	F. 地下水 Eh 值：利于长期处置安全的还原环境
	G. 地下水矿化度<80 g/L
	H. 地下水中 Cl^-、SO_4^{2-} 及 CO_3^{2-} 含量低
社会与人文条件	A. 规划选址及区域调查阶段：区域绝对人口密度不能超过国家平均人口密度；单位面积生产总值低；排除中等及以上规模城市
	B. 场址调查、确认评价阶段：地段范围内绝对人口密度低于所在县域平均人口密度；场址距离可利用资源地>2 km
建造与工程条件	A. 岩石强度与应力比（*R*p）满足工程建造条件
	B. 岩体单轴抗压强度>10 MPa，若成岩作用不足，可直接排除
	C. 岩石损伤应力值。温度与辐照作用下岩石损伤应力值越低越利于处置库长期安全
	D. 围岩的蠕变速率越小越适宜
	E. 开挖产生的扰动带<5 m
	F. 场地比高越小越利于工程施工和未来废物运输

续表

选址准则	相关要求
废物运输条件	A. 场址靠近后处理站
	B. 国家或省级公路网便捷
	C. 连接国家铁路网的路程短
	D. 运输线路越便捷越好
	E. 辐射危害概率低（废物运输过程中）
环境保护	A. 规划与区域调查阶段：80 km 范围内重要环境保护区、环境敏感区、重点水体越少越适宜
	B. 确认场址与调查评价阶段：15 km 范围内重要水体、省级及以上环境敏感区等数量越小越适宜
社会影响	A. 少数民族人口比例 80 km 范围内越小越适宜
	B. 地方政府是否支持场址设置非常关键
	C. 当地公众对场址的支持非常关键

总体而言，我国高放废物地质处置粘土岩方面的安全评价研究起步较晚，较国际水平差距甚远，无法满足地质处置当前和长期的研发工作需要。在符合我国实际国情的情况下，粘土岩场址的筛选安全要求与准则应根据各阶段需求及时更新。现阶段来看，已推荐的选址准则可供当前参考，但随着今后工作的不断深化，尤其在设计与建造阶段，考虑的相关因素应该更加详细且全面。

1.2.2 处置库研发现状

处置库是高放废物地质处置的关键所在，也是地质处置安全评价研究的重点对象。不同国家的核燃料循环策略与废物处置方式不尽相同。各国的废物罐材料与围岩类型的选择也因国家而异（见表 1.4）。在此初步收集了国际上典型的高放废物地质处置库概念设计，包括以瑞典、芬兰为代表的将乏燃料进行直接处置、以美国为代表的由处置技术确定乏燃料直接处置方式和以法国为代表的乏燃料后处理形成的高放废物玻璃固化体再处置等设计方案。经过对比分析，我国花岗岩处置库概念设计重点参考瑞典和芬兰；泥岩处置库概念设计将重点参照法国、瑞士。

表 1.4 部分国家高放废物处置库概念设计的基本情况[53]

国家	围岩	废物罐材质	废物体	处置库特征	开始选址时间	开始运行时间
德国	岩盐	铁质	乏燃料和玻璃固化体	回填，无缓冲材料，870 m 深，水平处置	1965 年	2008 年
瑞士	粘土岩或结晶岩（花岗岩）	碳钢		缓冲材料（厚膨润土），1 000 m 深，水平放置	1980 年	2020 年

续表

国家	围岩	废物罐材质	废物体	处置库特征	开始选址时间	开始运行时间
瑞典	结晶岩（花岗片麻岩）	铜加铸铁内衬	乏燃料	缓冲材料（膨润土），500 m 深，竖直放置、单钻孔	1976 年	2020 年
芬兰					1987 年	2020 年
加拿大	结晶岩（花岗岩）	钛	乏燃料（CANDU 堆）	缓冲回填材料（粘土或砂），500~1 000 m 深，竖直单钻孔	1973 年	2025 年
韩国	花岗岩	—		采用加拿大竖井模式	2010 年	2050 年
法国	粘土岩	碳钢	玻璃固化体	有缓冲材料，500 m 深，水平放置	1970 年	2020 年
日本	结晶岩（花岗岩）或沉积岩			膨润土作缓冲材料，深地质处置	1976 年	2040 年
中国	花岗岩	待定碳钢		500~700 m 深，花岗岩借鉴瑞典和芬兰；泥岩参考法国和瑞士	1985 年（2009）	—
	（泥岩）					
美国	凝灰岩	多层镍基合金	乏燃料、玻璃固化体	300 m 深，水平放置，无缓冲材料	1983 年	2020 年
	（非饱和带）					
比利时	粘土岩	碳钢		220 m 深，处置巷道内径 2 m，间距为 40 m，巷道相互平行	1974 年	2050 年
俄罗斯	花岗岩	—		类似于瑞典（KBS-3）矿山式处置模式（斜坡道–竖井–平巷–盲井）	1990 年	2025 年
英国		—	高放废物和乏燃料		1976 年	2035 年
西班牙		—			1981 年	2015 年

（1）国外研发现状

①瑞典与芬兰

如图 1.5 所示，燃料芯、铜罐、围岩、处置库地下和地面设施等构成瑞典深地质处置库。瑞典处置概念为 KBS–3 系统[62]。瑞典处置库地下工程深度约 500 m，其主体结构为垂直处置钻孔、处置巷道、运输巷道、螺旋井、竖井。瑞典核燃料与废物管理公司（SKB）在 2009 年将 Formark 作为处置库场址。2011 年申请建造处置库，2015 年计划建造处置库且 2020 年后运营。尽管 OECD-NEA 国际同行专家审查小组在 2012 年进行了审查，但 Formark 处置库关闭后，仍然需要进一步改进安全评价报告。

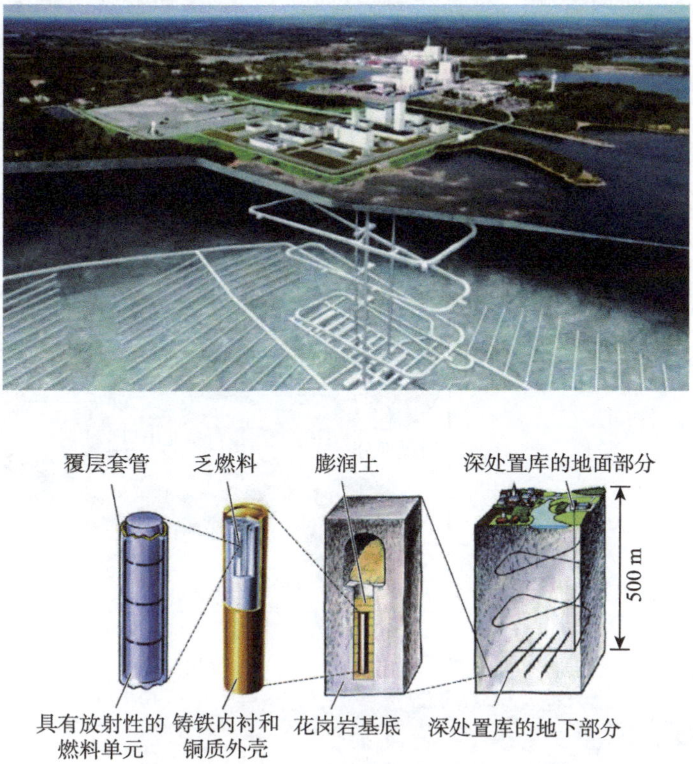

图 1.5 瑞典 Forsmark 处置库地下功能区分布略图及乏燃料处置库的模式

如图 1.6 所示，芬兰与瑞典处置概念[63-64]相似。依照原有地下实验室运行基础，进行处置库的改进建造。2015 年年底，芬兰高放废物处置库的建造申请批准。此乃全球首个获得批准建造的高放废物处置库，而且首条处置巷道于次年年底开建。

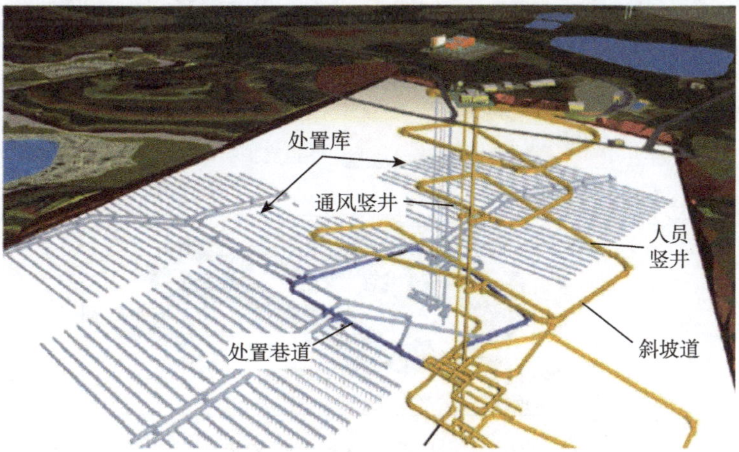

图 1.6 芬兰的高放废物处置库概念设计

②美国

尤卡山处置库概念设计[65]详见图 1.7 所示。此方案在废物处置过程中以处置技术确定乏燃料直接处置与回取方式，围岩类型为凝灰岩，无缓冲材料。主体为水平巷道和斜井。废物终端处置于水平巷道。设计处置库在地下水之上包气带内，深度约 360 m[66-68]。处置库设有 58 条处置巷道（长 600 m 中心距 81 m、直径 5.5 m）。处置巷道位于东、西两条主巷道间，走向为 252。处置巷道全长约 90 km 可处置 7 万 t 高放废物，面积约占 6 km^2。但经过半个多世纪的研发，尤卡山处置库的建造申请始终没有进展，目前处于研发停止状态。

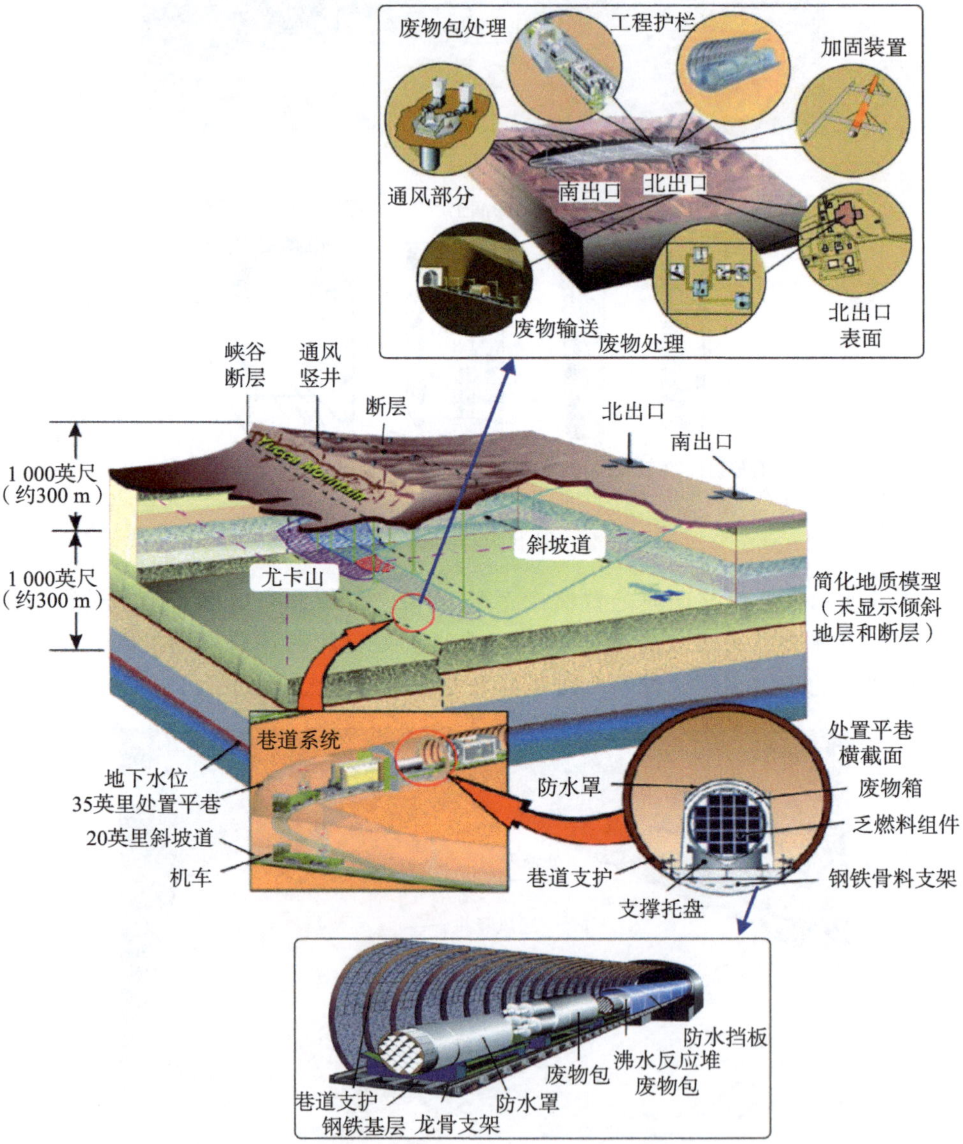

图 1.7 美国尤卡山高放废物处置库概念设计图

③法国、瑞士

法国粘土岩处置库的布局包括地上设施和地下处置库[69-72]，如图 1.8 所示。处置库设有四个竖井分别供排风、人员通道、废物运输以及开挖取料。废物包依次被运输到地面接收场、废物运输竖井，之后随升降装置运送至处置库，再由装载车运送到相关通道直至相应的处置巷道或硐室，卸载废物包后最终通过特殊设备运送到硐室或巷道。因粘土岩的结构性能较弱，处置库内壁和顶板都采用钢筋和混凝土结构加固和支撑。当然废物的可回取性也必须在处置设计和布局中加以考虑。

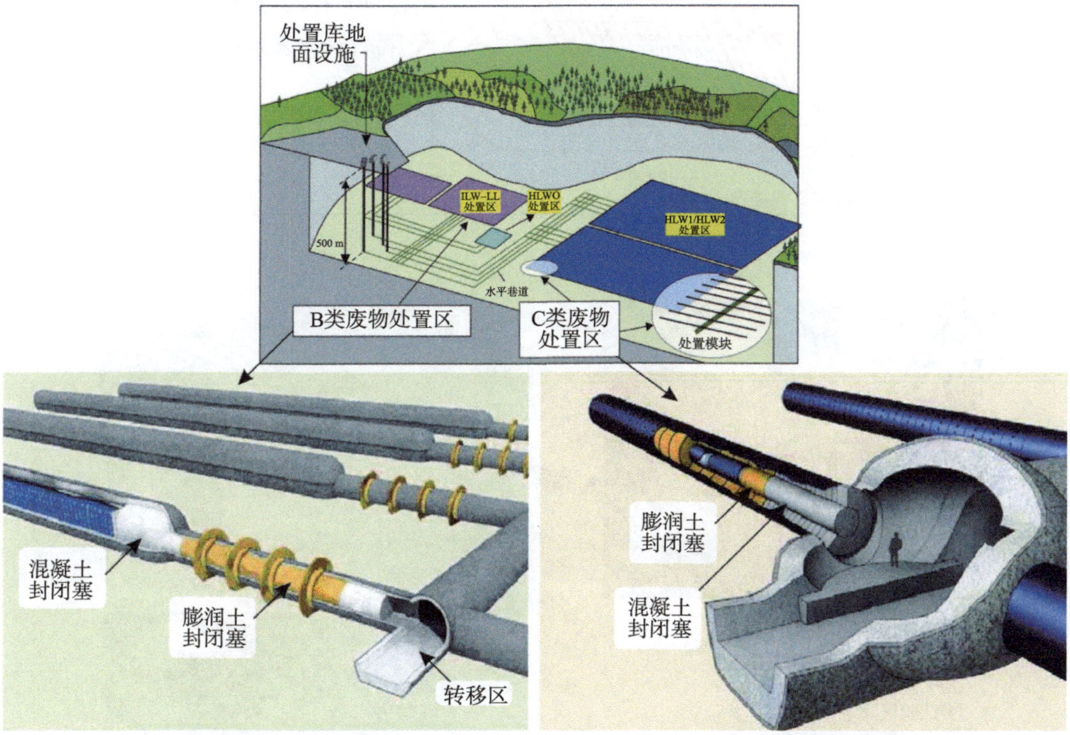

B类废物处置巷道的封闭　　C类废物处置巷道的封闭

图 1.8　法国深地质处置库概念图[68,74]

瑞士处置库的概念设计图如图 1.9 所示，地下设施为其主要设计内容[73-77]。具体包括：单个斜坡道、竖井、巷道、接收中心等；试验设施（ILW-HLW）；陈设巷道（SF/HLW，长 800 m、间距 40 m、直径 2.5 m）；3 条短巷道（处置低放废物）。处置巷道（布置、建造与运营）位于地下约 650 m 深。为了处置库的运行安全，巷道的长轴方向必须考虑地应力在运行期间的长期作用，需要加以支护。瑞士与瑞典的 KBS-3 处置库工程设计结构相似。该处置库设计在特定场址空间上融为一体，可处置多种放射性废物，如长寿命中放废物以及高放废物等。

（2）我国研发现状

①我国高放废物处理处置的法规要求

截至目前，我国持续强化建设高放废物处理处置的法律法规要求，形成了法律法规与规章互相衔接，法规要求与技术标准相辅相成的安全监管体系。我国核安全法内容系统而庞大，主要由国家法律、国务院条例以及相关部门的规章三个层次组成。此外，还指出了相关的核安全导则与核安全法规技术文件等，其层次低于实施细则。具体如图 1.10 所示。

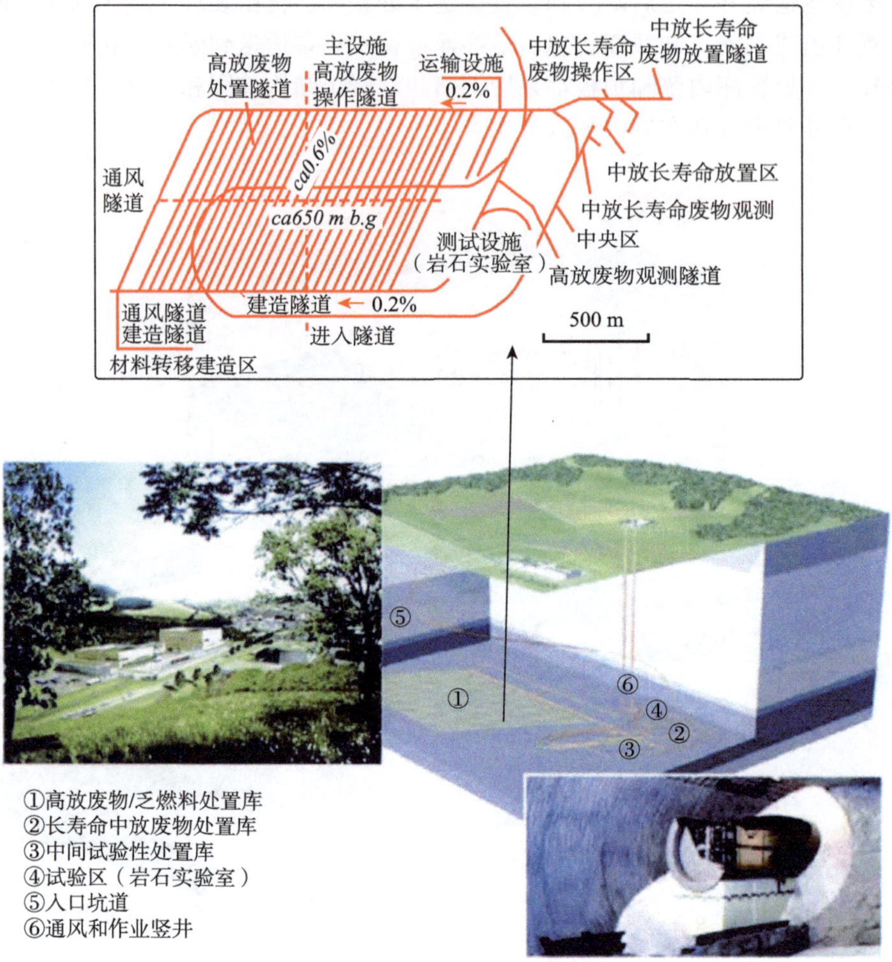

图 1.9　瑞士处置库概念设计图[75]

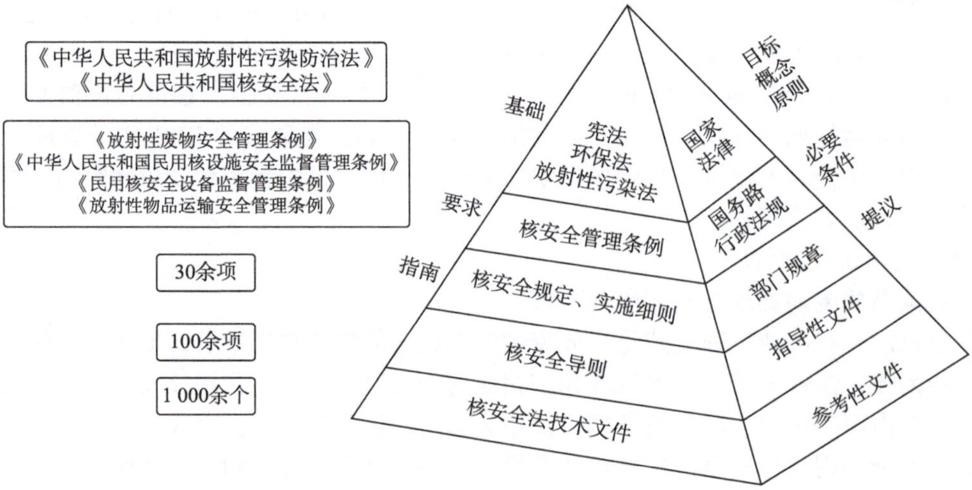

图 1.10　我国放射性废物处置法律法规体系

第一层次有《中华人民共和国放射性污染防治法》（2003 年颁布）、《中华人民共和国核安全法》（2017 年颁布），是我国放射性废物处置国家法律级。第二层次国务院条例级，主要有《放射性废物安全管理条例》《中国人民共和国民用核设施安全监督管理条例》《中华人民共和国核材料管制条例》《民用核安全设备监督管理条例》等。第三层包涵盖国务院相关部门的规章制度，如《放射性废物地质处置设施》核安全导则（2020 年颁布）。此外还发布了 30 余项部门规章和 100 余项安全导则，还制定核安全相关的 1 000 多个国家和行业标准，以及 200 多个地方性法规文件。同时持续地总结国内外的实践经验，密切追踪 IAEA 与发达核电国家的最新安全要求，及时更新国家有关法律和法规。

②处置库场址筛选研发现状

A. 花岗岩场址筛选

我国关于花岗岩地质处置库场址筛选的研发已开展将近 40 年。1985 年，“核废物地质处置”（核工业北京地质所）项目的启动，国内花岗岩处置库研究首次列入议程，同时将其场址筛选工作划分为 4 个阶段[79]：即 6 个主要潜在场址的筛选（1985—1986 年）；筛选最优地区（北山）（1986—1989 年）；筛选确定有利地段（新场）（1990 年至今）；最后为场址确认阶段。2011 年国内首选高放废物地质处置库预选区为甘肃北山。2015 年国家启动花岗岩处置库地下实验选址工作，并优先推选花岗岩地下实验室的场址为北山新场，备选场址为沙枣园预选地段[80]。在 2019 年 5 月 6 日，北山地下实验室工程立项正式批复，将北山新场确定为地下实验室场址[9]。目前已筛选出预选场址，2022 年 11 月 18 日，中国北山地下实验室项目正式启动，标志着我国已完全步入地下实验室建设阶段。目前“北山一号”隧道硬岩掘进机（TBM）已进入施工现场（见图 1.11），预计 2028 年将建成北山地下实验室。

图 1.11 北山地下实验室现场施工调研图（中间 2 张图片由调研单位提供）

处置库选址本质上是对场址可被接受程度的确认[81]。根据处置库演化过程，中国花岗岩处置库的选址主要分为场址的可接受性（处置库开工前）、处置库的可建造性（开工至关闭期间）以及长期稳定性与安全性问题（处置库关闭后）。

关于花岗岩高放废物处置库，我国目前提出了基本构想，以玻璃固化体、北山场址为主要参考、处置库围岩首选花岗岩、缓冲材料主要考虑膨润土[82-84]（见图 1.12）。中国的高放废物处置库未来将为一座在地下 500~700 m 深的花岗岩（二长花岗岩/花岗闪长岩）矿山式地下工程，且围岩位于戈壁荒漠无人区。主体结构包括竖井（人员通道与废物运输）、螺旋坡道、进出风井、处置巷道、主巷道、垂直或水平处置坑（处置硐室）[85]。

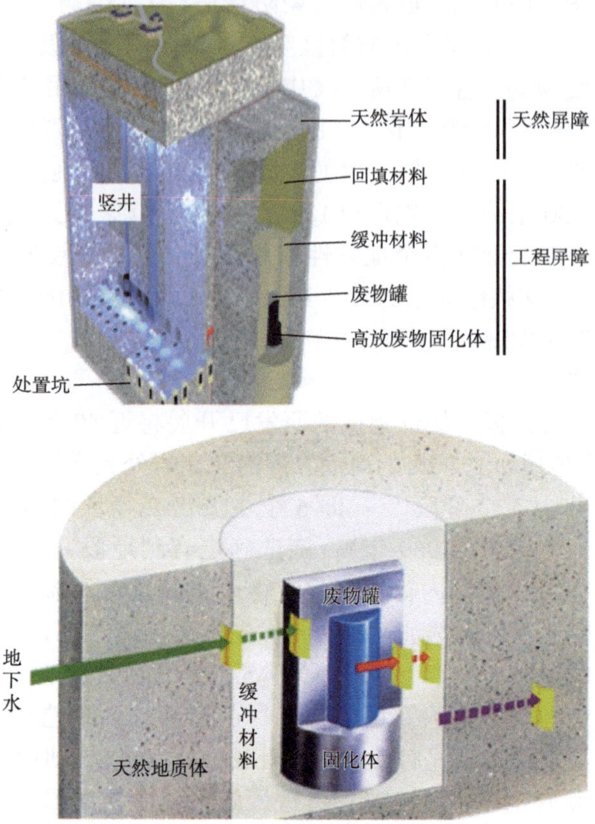

图 1.12　我国高放废物处置库基本构想与多重屏障示意图[85-87]

B. 粘土岩场址筛选研发进展

与花岗岩相比，国内粘土岩高放废物地质处置库起步较晚。规划指南在“十一五”期间初次提议：开展北山花岗岩地质处置库场址筛选与评价时，筛选研究其他岩石类型的场址可有序进行，粘土岩研究的相关工作包含在内。2005 年 8 月举行的首届高放废物地质处置学术会议关注到研究粘土岩场址的重要性；之后诸多专家和学者在第 260 次香山科学会议与高放废物地质处置战略规划（中国工程院）学术会议上，强调相关研究粘土岩处置库预选场址的工作作为重点开展[6]。

2007 年“选址调查项目”的批复，确定了研究年限（2009 年 4 月—2012 年 4 月）（科工计〔2009〕525 号）。国内 2009 年才正式启动研究粘土岩处置库。在项目实施过程中，参照 IAEA 及国外有关粘土岩处置库场址筛选标准[17,86-88]，以前期地质调查和相关资料为基础，展开我国厚层状粘土岩的初步研究。初步调查结果说明我国大陆范围内存在适合作为高放废物地质处置库围岩的粘土岩，主要分布在西北地区的中新生代沉积盆地。虽然在东北松辽、山东淄博地区也产出厚层状粘土岩，在江苏、安徽、江西、浙江、湖北、广西等也有粘土岩分布。但从经济社会条件来看，这些地区经济社会相对发达、人口密度高，对建设高放废物地质处置库是不利的因素。前期研究认为，将南八仙地区、陇东和巴音戈壁盆地等三个区域作为后期工作的重点区域[2,6]。

2014 年，“粘土岩项目”批复，2~3 个粘土岩预选地段在我国西北地区拟确定。预选地段的拟定工作为今后预选地段的筛选和场址推荐等提供依据。东华理工大学作为项目负责单位，拟定陇东地区，柴达木地区和巴音戈壁地区等三个典型区域，以塔木素、苏宏图为重点研究对象，开展了泥岩选址的初步适宜性评价[89-91]。2017 年 6 月，我国首次在塔木素预选区开展了泥岩处置库项目钻探工程（TZK-1），当年同时完成了 TZK-2 钻孔工程。次年开展了塔木素地区泥岩地段筛选与评价，并在前期调研、收集资料及实地踏勘等工作基础上，结合 IAEA 及国内《高水平放射性废物地质处置设施选址》（HAD 401/06-2013），确定塔木素地区作为泥岩处置库预选区，并在预选区内推荐出 2 个有利地段，结合我国高放废物处置库粘土岩选址导则，在该区域圈定出面积约 3395 km^2预选区，坐标如表 1.5 所示。

表 1.5 塔木素地区粘土岩预选区拐点坐标

拐点号	*X*	*Y*
1	18410000	4520000
2	18410000	4490000
3	18360000	4470000
4	18310000	4470000
5	18310000	4490000
6	18330000	4500000
7	18390000	4520000

20 世纪 50 年代以来，我国核地质工作者进行铀矿勘察时，发现在因格井坳陷边缘北部偏东边缘的扇三角洲区域，塔木素地区具有相对稳定的构造环境和岩层低渗透性等特征[108-109]，为开展塔木素湖相沉积地区泥岩处置库选址提供了非常有价值的研究基础。2012 年，在第四届废物地下处置研讨会上，刘晓东等提议塔木素地区为国内高放废物粘土岩（泥岩）处置库预选区[6]。随着“粘土岩项目”的实施，由刘晓东教授带领的科研团队对该预选区进行了较为深入的研究（见表 1.6）。

表 1.6 塔木素预选地段主要有关研究成果

关键内容	主要成果	来源
岩石力学性能	对比法国、瑞士粘土岩的物理力学特性参数，得出国内预选地段泥岩力学性能更优	胡海洋，2014[92]
物质组分研究	初步分析预选地段泥岩的主要矿物组成，发现该泥岩符合处置库建造条件	张耀东，2016[93]
地球物理调查	物探方法测定塔木素预选区泥岩埋深和连续厚度	巩建军，2017[94]
预选区初步评价	综合分析评价影响处置库选址条件，得出塔木素泥岩预选地段可开展重点研究	杨迎亚，2017[95]
构造活动性	运用光释光手段判别塔木素断裂构造活动（第四纪以来）	饶峥，2018[96]

续表

关键内容	主要成果	来源
水文地质条件	明确塔木素预选区水文地质结构，探明地下水系统以及主要水化学类型	黄欢贰，2018[97]
泥岩特征	宏观微观观察结合矿物组成、地球化学、物理力学等研究目标层位泥岩特征	饶耕玮，2018[98]
抗压强度	分析研究塔木素泥岩力学性能，发现利于工程建造	万超，2018[99]
断层稳定性	通过地震勘探方法，发现预选地段地震及震级影响甚微	郭超，2019[100]
三维地质建模	通过构建三维地质模型，得出巴音戈壁组上段泥岩为优选目标层	许文军，2019[101]
EDZ 核素迁移	考虑 EDZ 和温度对地质处置中核素迁移的影响	彭志娟，2019[102]
渗流-应力耦合	通过耦合模拟结果显示塔木素预选地段的安全性和工程性均较优	王瑜，2019[103]
亚硒酸盐吸附	预选地段泥岩地下水高盐度条件下能有效阻滞亚硒酸盐	He 等，2019[104]
预选地段评价	塔木素预选地段泥岩通过新的评价体系进行初步适宜性评价	向龙，2020[105]
适宜性评价	通过安全评价方法，初步评价泥岩预选地段的适宜性	饶铮，2021[106]
物理力学特性	研究预选地段泥岩岩性特征及物理力学特性	饶耕玮，2021[107]

1.3 研究内容、方法及技术路线

1.3.1 研究内容及方法

在调研国内外相关资料基础上，本书通过理论研究、现代分析测试方法以及数值模拟，主要围绕以下内容展开研究：

（1）泥岩基本物理力学特性研究。结合钻孔前期数据资料及已开展室内试验进行预选地段泥岩特性数据分析，以更好的了解该段泥岩的岩石学特征、物理力学特性等。在此基础上从垂向上研究了 TZK-2 井泥岩的岩性特征对力学特性影响。

（2）处置库围岩 THM 耦合模拟。在室内试验数据分析基础上，借助三维几何模型和数值分析方法，对塔木素预选地段围岩在温度变化情况下的耦合效应进行模拟，分析探讨了关键监测点的温度、饱和水、应力、位移变化情况。数值模拟结果为未来处置库围岩的安全性提供参考依据。

（3）预选地段 FEPs 清单与景象分析。从当前高放废物深地质处置规划选址阶段的安全评价需要出发，对国内外相关的安全评价成果进行系统调研。参考国外、国内的 FEPs 数据库和处置概念，按照我国已有法律法规的要求和高放废物地质处置背景，通过构建不同情景，初步从影响预选地段安全处置的内部因素与外部因素筛选出适合我国粘土岩（泥岩）预选地段的 FEPs 清单。

（4）预选地段地质处置安全评价指标与安全模型构建。以塔木素预选地段为研究对象，根据国际上高放废物地质处置的安全评价准则，综合考虑预选地段地质处置的各屏障系统影响因素，并按照安全评价指标选取的原则和依据，建立适用于预选地段高放废物地质处置的安全评价指标体系。

（5）通过定性和定量分析，评定预选地段泥岩的安全性。结合国际上粘土岩选址准则和相关评价标准文献，在预选地段安全评价指标体系基础上，进一步建立适合预选地段围岩安全性评价的指标体系；同法国 Bure 粘土岩、瑞士 Opalinus 粘土岩（Zurcher Weinli-anda 场址、Mont Teri 场址）、比利时 Boom 粘土岩及其特性（参数）对比分析，运用 Fisher 判别分类、主成分分析和 BP 神经网络数学评价模型，根据已有指标体系，结合定性和定量分析，对塔木素预选地段泥岩进行了处置库围岩安全类型判别。评价得出我国塔木素预选地段泥岩与法国 Bure 粘土岩安全类别整体一致。

1.3.2 技术路线

在收集相关资料基础上，本书以塔木素预选地段泥岩为研究对象。根据高放废物处置设施选址的安全要求，结合室内试验、理论分析、数值模拟、定性定量评价等方法对塔木素预选地段泥岩工程地质条件、物理力学特性研究以及未来处置库围岩的安全性能进行了模拟与分析，最后从围岩安全特性角度进行分析评价。技术路线详见图 1.13。

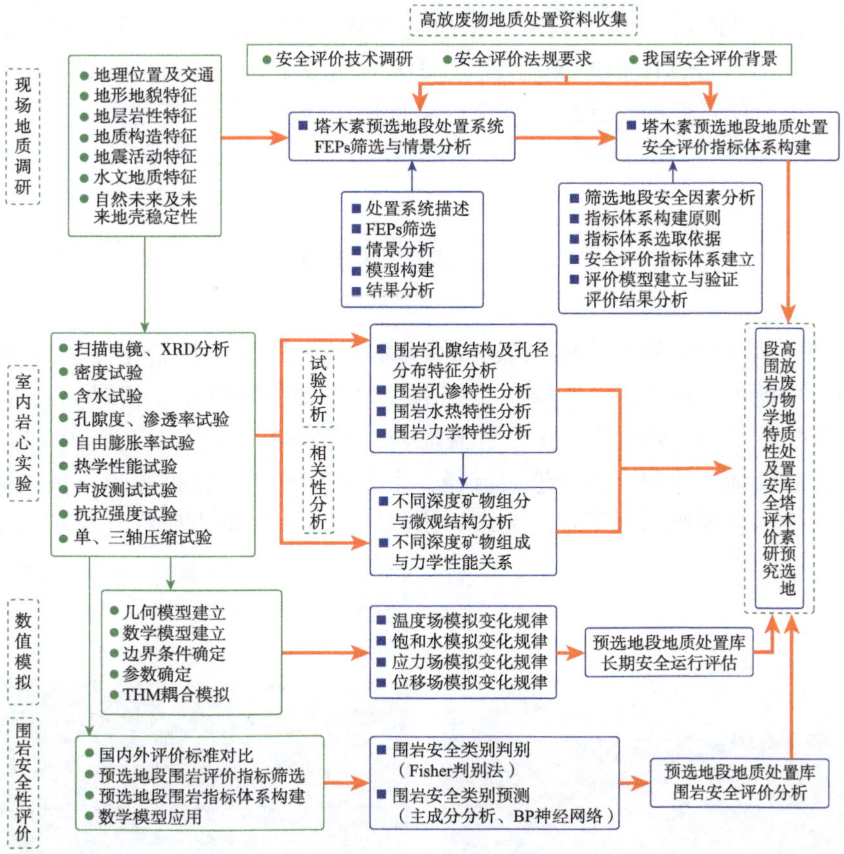

图 1.13 技术路线

2 塔木素预选地段概况

2.1 地理位置及交通

塔木素泥岩预选地段位于巴丹吉林沙漠的东部边缘。行政区域属内蒙古阿拉善右旗管辖，相距巴彦浩特 330 km，临河至额济纳旗的铁路从东部穿过，交通便利。预选地段距最近高速（京新 G7）入口约 120 km，317、218 省道及 758 县道与巴彦浩特相通，且县道与省道相连，出行相对便捷。此外，临策铁路从预选地段东北部穿过，距离最近站点小于 120 km。

2.2 地形地貌

塔木素预选地段的地势总体南东低、北西高。该地段属于温带干旱区（蒙新高原）。有大量沙漠、中低山。高平原、丘陵、戈壁和湖盆大多相间分布。相对标高 60 m，总海拔 1 270~1 330 m。第四系沙丘及沙土覆盖地表，相对高度不大，多为 10~20 m。戈壁、丘陵和沙漠为主要地形地貌，极少地表流径，生态系统脆弱、植被稀疏。预选地段地貌地处巴丹吉林沙漠，其地貌形态平缓，大多为山间凹地和剥蚀低山残丘（见图 2.1）。

图 2.1　塔木素预选地段地形地貌

2.3 气候特征

塔木素预选地段属于中温带大陆性气候。降水稀少，霜冻期长且蒸发量较大。昼夜温差明显，四季分明，冬寒夏暖。日最高温度与最低温度记录分别为44.8 ℃、-40 ℃，而年均气温为6.8~8.8 ℃。平均年降水量与蒸发量相差30倍左右，二者分别在50~125 mm、2 800~4 100 mm之间。全年区内多风，年均风速2.9~5.0 m/s，220~280天平均风速>3.0 m/s，极端最大风速为34 m/s。地表土层广泛，风沙较多，容易形成风沙天气，年平均有29~48个沙暴天气。区内水系与植被发育较差。该地段植被主要包括荒漠残留森林草原植被和稀疏植被群落，形成半荒漠和干旱荒漠草原景观。

2.4 地层岩性

古生界、元古界和太古界的变质岩系为预选地段蚀源区及盆地基底地层的主要组成。盖层发育主要有白垩系、侏罗系和第四系[110-111]（详见表2.1），中、下侏罗统可见，盖层沉积主体是厚度较大的白垩系，但发育不全[112]；下白垩统中巴音戈壁组下段（K_1b^1）和巴音戈壁组上段（K_1b^2）较发育，且K_1b^2段泥岩为处置库选址的目标层。有学者将该段进一步细分为3个岩段（即K_1b^{2-1}、K_1b^{2-2}、K_1b^{2-3}）[109,113]，且目标层泥岩的岩性垂向上整体呈现泥岩-砂岩-泥岩的岩性变化特征。结合预选地段施工的TZK-1井和TZK-2井，发现K_1b^2段湖相泥岩分布范围广，岩层厚度大（未揭穿），是泥岩预选地段的重点研究目标。

表2.1　塔木素泥岩预选地段地层岩性描述

地层						厚度/m	岩性特征	备注
界	系	统	组	段	代号			
新生界	第四系				Q	10	湖沼沉积的土黄色粘土、淤泥、食盐、芒硝及风成砂；广泛分布于盆地中、厚度薄，主要为河流或冲积扇沉积的砂砾等、风成砂、沼泽或湖泊沉积的粘土等	
中生界	白垩系	上统	乌兰苏海组		K_2w	>200	研究区内分布较为广泛，与下伏地层的接触方式为角度不整合。上部为砖红色、杂色泥质粉砂岩、泥岩、钙质砂岩、含砾砂岩，夹泥砂质灰岩和石膏层，产脊椎动物化石，在鄂下塔塔、可可陶勒海地区见玄武岩；下部为砖红色、褐红色泥质含砾砂岩、泥质砂砾岩、砾岩等	

续表

地层						厚度/m	岩性特征	备注
界	系	统	组	段	代号			
中生界	白垩系	下统	巴音戈壁组	上段	K_1b^2	>911	地表部分出露。砖红色、紫红色、黄色砂砾岩，灰色、黄色砂岩与砖红色粉砂岩、灰色泥岩、粉砂岩。上部以灰色细碎屑岩为主，下部以砂岩沉积为主。该层中下部发育砖红色砂砾岩、土黄色砂岩；泥岩层中发育水平层理，局部出现页理构造，可见泥岩和粉砂岩互层现象	目标层位
				下段	K_1b^1	1418	出露于盆地边缘，岩性主要为厚层的灰白色砾岩、深灰色砂砾岩夹薄层泥岩和粉砂岩。层序上可见正粒序结构，粒度从上细到下粗，岩性从砂岩渐变为砾岩；局部可见灰色细碎屑岩	
	侏罗系	中下统			J_{1-2}	4000	少量分布于塔木素的西南部和东北部。岩性为杂色砂砾岩，可见少量的灰岩夹层。上部主要为灰白色和灰黑色凝灰岩；下部主要为细砂岩，可见煤线、泥页岩夹层。与上、下伏地层的接触关系为角度不整合	

2.5 地质构造

塔木素预选地段坐落于巴音戈壁盆地，从盆地构造演化史可以看出，漫长的地质历史过程中，周围存在着一系列错综复杂的断裂构造体系。但预选地段位于阿拉善地块内部，新构造运动不发育，区内断裂构造均为非能动断裂，在预选地段 5 km 范围内不存在能动断层，说明预选区构造环境稳定，地壳处于稳定状态。预选地段及所有附近区域主要分布着 7 条（F_1 ~ F_7）主要断裂。因此区内重要的构造活动为断裂构造，且均相对稳定。

2.6 区域水文地质

塔木素预选地段地下水系统为河西走廊一级地下水系统（C01）内的因格井坳陷四级地下水系统（C01B0101），具体地下水系统分级见表 2.2。

表 2.2 预选地段地下水系统分级表

地下水系统分区		一级地下水系统		二级地下水系统		三级地下水系统		四级地下水系统		五级地下水系统	
代号	名称	代号	名称	代号	名称	代号	名称	代号	名称	代号	名称
C	西北内陆盆地地下水系统区	C01	河西走廊一级地下水系统	C01B	吉兰泰盆地二级地下水系统	C01B01	巴音戈壁盆地三级地下水系统	C01B0101	因格井坳陷四级地下水系统	C01B010101	塔木素五级地下水系统

2.6.1 系统边界和结构

因格井在区域上存在两个排泄源（区），F_2断裂控制区域南部呈串珠状的排泄源（区），F_1断裂控制区域北部呈弧状的排泄源（区），排泄源（区）最终从南向北排泄。隆起带覆盖大面积的风成砂，形成裂隙、多孔隙潜水含水层。裂隙水分布区域为中生代盆地，该盆地由隆起带两翼碎屑岩系构成。岩性和裂隙孔隙大小明显控制区内富水性，且渗透性与富水性强弱存在显著差别，单井涌水量通常介于0.17~408.32 m^3/d。山前地带大气降水竖向渗入且侧向补给，因其堆积物粒度较粗且成岩差，少量人工开采排泄。

2.6.2 系统地下水补给、径流、排泄

预选地段的地下水补、径、排特征，总体上，从隆起区流向前缘（根据地下水流动方向）（见图2.2）。但由于补、径、排条件的控制，地下水流向具有明显差异。地下水平面分布在该段北部隆起带以大面积二叠纪和志留纪花岗岩基石、石炭纪轻变质岩为特征。区内地下水系统封闭，补给方式以大气降水为主。基岩附近，裂隙潜水在风积砂作用下，形成新的构造（沟谷、裂隙等），产生的运移通道可为获取潜水供应。裂隙潜水聚集于低洼处，排泄于沙漠边缘。区域的中心主要集中第四系松散岩类，孔隙水补给该区域上部然后排泄，主要形式为盐渍化、积水洼地等。

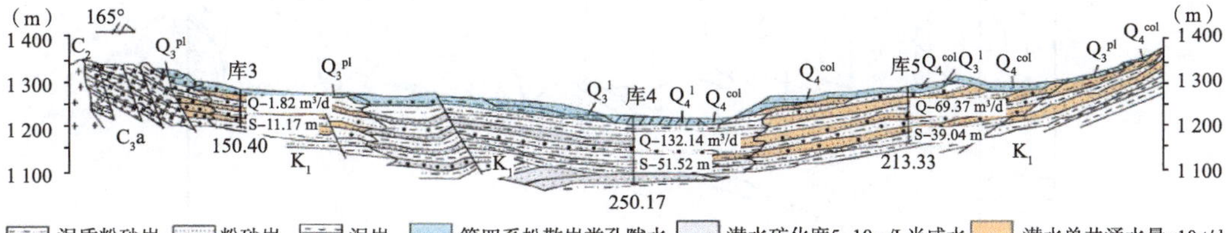

图 2.2 地下水系统水文地质剖面图

2.6.3 地下水动态特征

通过前期动态水文观测，地下水位升降变化最大值6.70 m，且水位相对稳定，夏季五、六至十月份地下水位最高，说明地下水动态随气象变化较为明显。在塔木素预选地段内钻井（水井）涌水量均不大，只有少数钻孔的涌水量较大。较大涌水量对处置库选址存在不利因素，如在预选地段东北部范围内存在局部涌水量较大区，但由于高涌水量仅出现在局部沉积凹陷边缘区域，目标层位自身为无水层位。整体上塔木素预选地段内水位及

涌水量条件均有利于高放废物地质处置库建设。

塔木素地区属于刚性块体阿拉善地块，新生代以来，该区受青藏高原北缘构造运动及祁连山向西南方向的构造作用影响。区内较强地震活动集中在板块边缘的构造带上，板块内地震活动相对较弱。据前人对该地段的相关研究（见图 2.3），发现各地震勘探测线上，相关叠加剖面反射波表现出高频率、连续性好、强相位等特征[96]。参考预选地段的地质和钻探资料[114-115]，可以识别每个断层的发育特征。图 2.3 浅层地震勘探 L04、L06 线剖面非常清楚地揭示了断裂构造特征。从该浅层地震剖面的断层解释结果发现，断裂附近地层界面产状均出现了明显变化。结合该区的地质构造特征，4 条断裂 F_1、F_3、F_4、和 F_7 在 L04 地震剖面上的解释特征非常明显（见图 2.4），在 L06 地震剖面上解释了 3 条特征明显的断裂 F_5、F_8 和 F_9。预选地段断裂构造发育特征可参考另外 9 条地震剖面及地质解译断面进行推断。总体分析不难发现，预选地段存在显著的断裂构造运动期次，且大部分断裂构造走向与盆地展布方向一致，呈北东向。反射界面物性变化存在显著差异，深部地震地质条件好，有利于探明此地段构造发育和地层信息。

2.7 自然变化与地壳稳定性

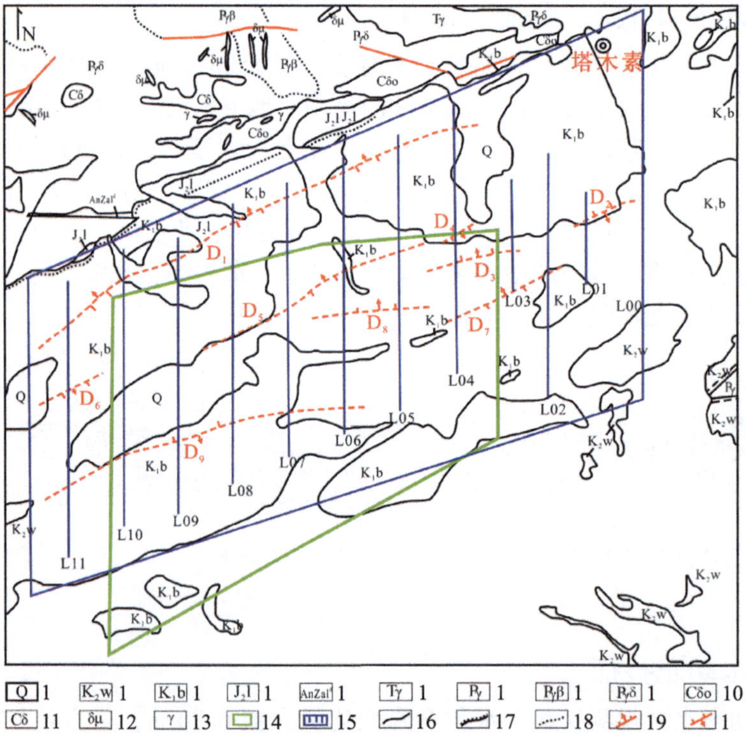

1-第四系；2-乌兰苏海组；3-巴音戈壁组；4-龙凤山组；5-阿拉善群；6-三叠纪花岗岩；7-二叠纪花岗岩；8-二叠纪黑云母花岗岩；9-二叠纪花岗闪长岩；10-石炭纪石英闪长岩；11-石炭纪闪长岩；12-闪长玢岩脉；13-花岗岩；14-处置库预选地段；15-实测地质界线；16-实测角度不整合地质界线；17-岩相分界线；18-地震测线及工作区范围；19-推断解释逆断裂；20-推断解释正断裂

图 2.3 塔木素浅层地震解译平面展布图[115]（改自刘波等，2014）

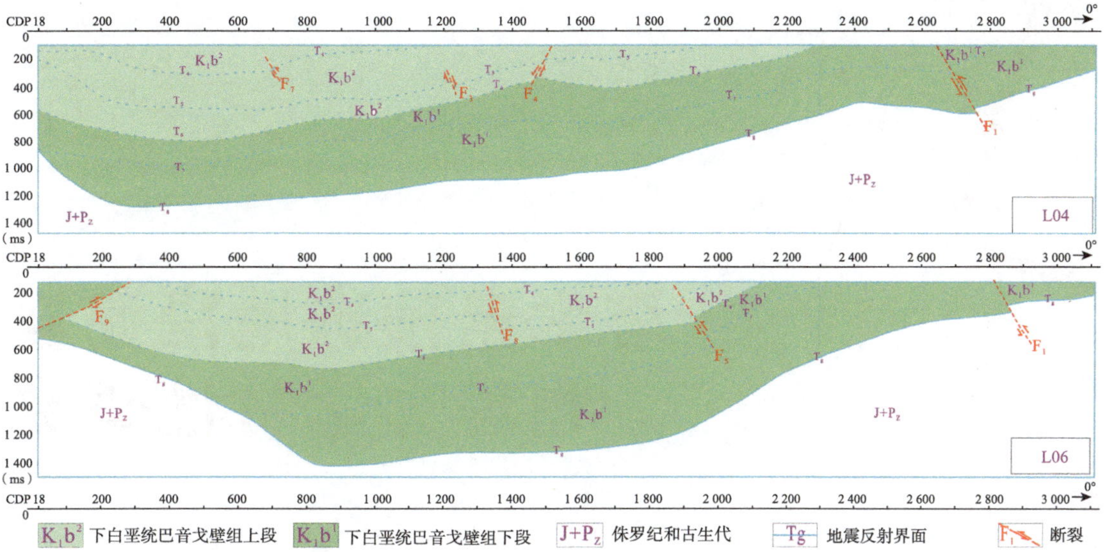

图 2.4 塔木素浅层地震剖面断层解译图（改自航测遥感中心，2014）

为了进一步综合分析塔木素地段地震分布情况，统计地震历史记录发现，在预选地段及周边地区，发生地震震级 ML≥3 级的震次有 870 多次。研究区内地震震中分布在空间上极不均一，沿断裂带常出现明显的带状密集。尽管地震发生点集中在塔木素预选地段及其附近，但对所搜集到的地震数据进行分析统计，历史结果表明，仅出现了一次最大的 7.6 级地震，距预选地段 300 km，且在甘肃境内。其余震级均低于 4 级，且都相对较远，距离研究区 150 km 以上的地区。

2.8 本章小结

本章将塔木素预选地段作为研究对象，以该地段的详细调研资料为基础，对预选地段的地理位置、交通情况、气候特征、地形地貌、地层岩性、地质构造、区域水文条件以及自然变化和地壳稳定性进行分析，认识如下：

（1）预选地段交通便捷，属于温带荒漠干旱区，为中温带大陆性气候。地表径流极少，植被稀疏。第四系沙丘及沙土覆盖地表，整体地貌形态平缓。区内地下水系统比较封闭，地下水水位较稳定。目标层位自身为无水层位。整体上塔木素预选地段内水位及涌水量条件均有利于高放废物地质处置库建设。

（2）预选地段盆地基底地层为古生界、元古界和太古界的变质岩系。盖层有侏罗系、白垩系和第四系发育。预选地段主要以厚度较大的 K_1b^2 段湖相泥岩为重点研究对象。

（3）预选地段所处巴音戈壁盆地内地质构造相对稳定。从地质历史演化来看，虽存在断裂构造体系，但均相对稳定。且大部分断裂构造走向呈北东向，与盆地展布方向一致。反射界面物性差异明显，深部地震地质条件好，利于探明构造发育和地层信息。

3

塔木素预选地段泥岩物理力学特性研究

高放废物地质处置工程系统且复杂。处置库除工程屏障外，围岩则是处置库安全的最后一道天然屏障，它可以阻滞放射性废物从地下侵入生物圈。因此，必须系统研究处置库围岩的岩石力学性质、工程稳定性、地应力等。其中岩石特征、矿物组分特征、基础物理化学性质以及岩石宏观微观构造、力学特性是处置库围岩的研究关键。因此，本章主要结合预选地段的现场实际，在地质相关地质资料和围岩参数的基础上，对预选地段的围岩的特性进行研究。通过对预选地段围岩力学性质、围岩的破坏机理等进行系统分析，探讨预选地段泥岩的力学性质，为后期处置库围岩的安全性研究提供参考。

3.1 泥岩岩石学特征

3.1.1 宏观特征

通过钻孔岩样观察，塔木素预选地段 k_1b^2 段泥岩以泥质粉砂岩、炭质泥岩以及石膏等夹层为主，主体为灰白色-深灰色。泥质结构，固结度好。TZK-2 孔岩芯编录结果，发现从开孔位置到埋深 800 m 终孔的泥岩大致呈现三层构造特征，即 320 m 以上主要为灰色泥岩，纹层构造，岩石表面可见孔隙；340~550 m 之间主要为浅灰色泥岩，均匀块状构造；550 m 以下深度为深灰色泥岩，杏仁状构造特征，详见图 3.1 综合柱状图以典型宏观特征所示。块状泥岩有微裂隙发育，充填方解石，有机质较高（部分岩样），碳酸盐矿物、黄铁矿等可见于层理结构面。

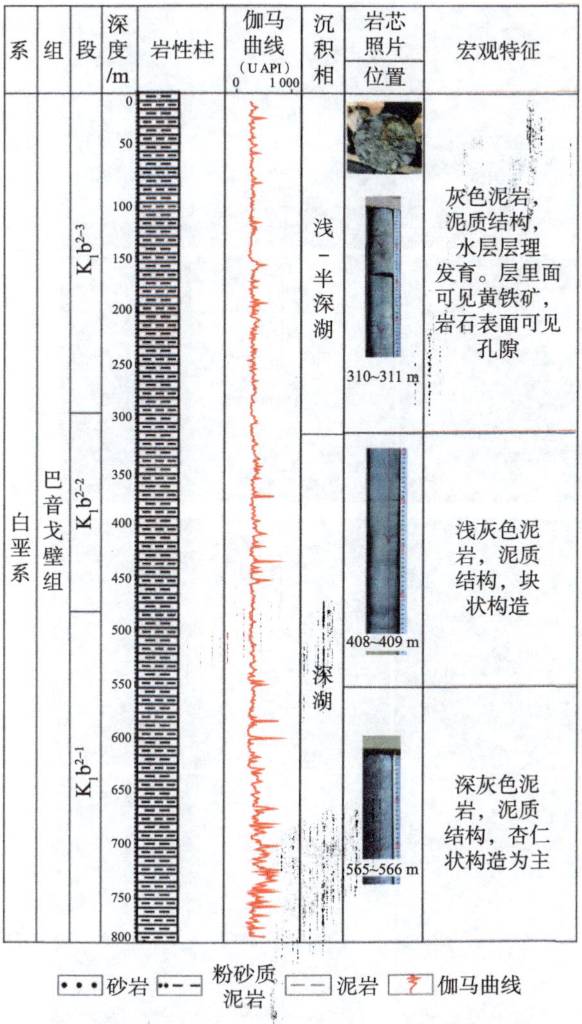

图 3.1 巴音戈壁组上段 TZK-2 孔泥岩综合柱状图及典型宏观特征

3.1.2 微观特性

目标层位泥岩的微观结构特征，通过扫描电子显微镜和偏光显微镜（Nova Nano SEM450 加 Inca Energy X-Max20 能谱仪）对 TZK-2 钻孔巴音戈壁组上段泥岩岩芯样品（深度 340~550 m）50 余个薄片（放大不同倍数）进行了系统观察。研究表明：钻孔泥岩以块状为主，自下而上纵向发育有杏仁状、块状及纹层状构造，并且分布规律明显。现结合典型薄片镜下特征分析：340~510 m 左右井段（见图 3.2a~d）主要为块状构造，泥晶白云石、隐晶质石英与粘土矿物二元纹层状、层理面较发育的泥岩或页岩；粉-细晶白云石充填方沸石孔洞，高级白干涉色，方沸石自形良好，为偏方多面体状、无定形胶体状，存在方沸石溶蚀。镜下可见泥晶结构（见图 3.2e~h），均一性良好、连续完整且结构致密的块状泥岩（发育微裂隙构造），裂隙中充填碳酸盐矿物胶结物，泥质矿物和石英组成，可见黄铁矿，粘土矿物颗粒间有孔隙构造。约 510~550 m 为块状泥岩（见图 3.2i~l），泥岩相间发育斑状孔洞构造，镜下可见长石矿物溶蚀，胶结物与碳酸盐矿物后期填充，白云石和方沸石整体随深度变化呈现此消彼长。

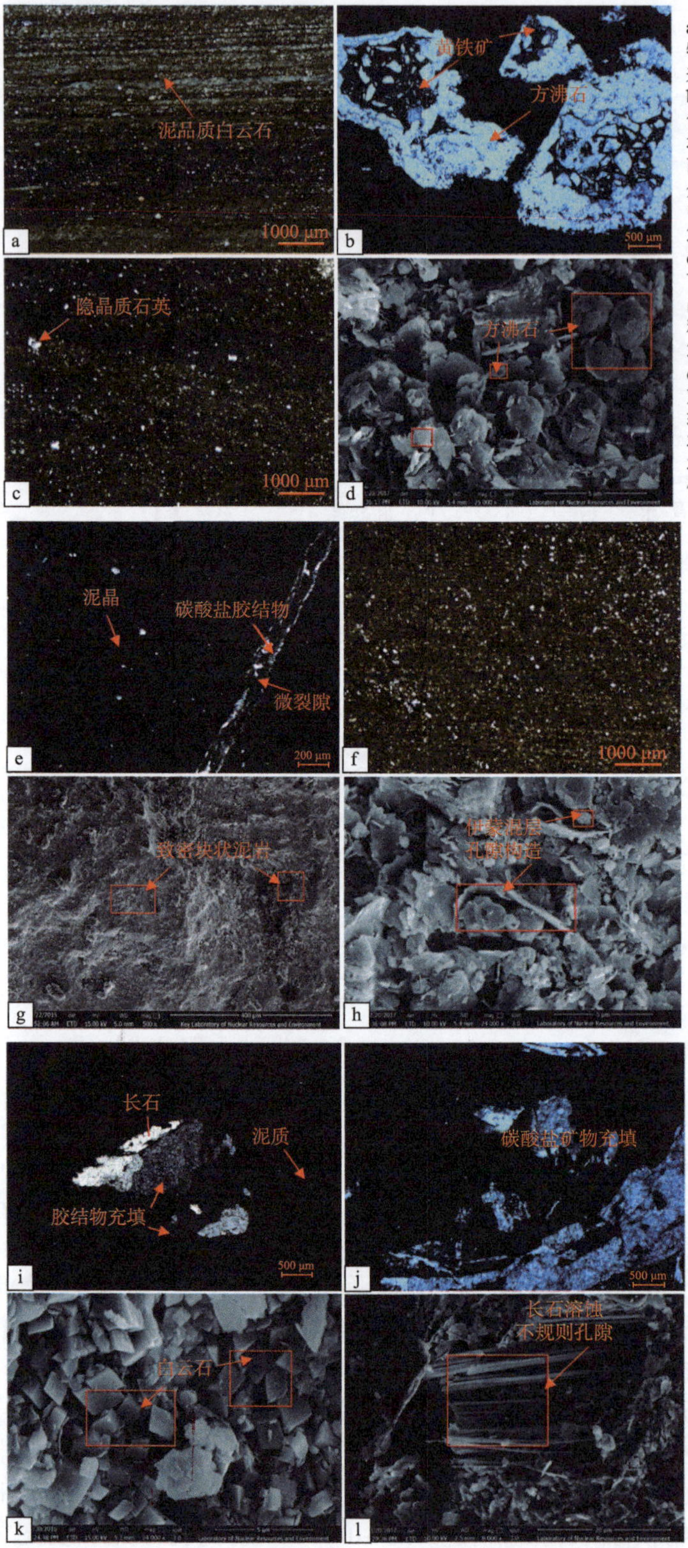

a.泥晶白云石与粘土矿物二元纹层，TZK-2井，343.25 m,单偏光;

b.方沸石呈一级灰干涉色，粉-细晶白云石充填于方沸石孔洞，呈高级白干涉色，混合分布在暗色泥质物中，正交偏光，373.6 m;

c.块状构造，裂隙发育，泥晶结构，由隐晶质石英、绢云母及粘土矿物组成。390.32 m;

d.扫描电镜下方沸石微观形貌特征，呈自形较好的偏方多面体状，和无定形胶质体状，可见方沸石的溶蚀现象，386.26 m。

e.块状泥岩（发育微裂隙构造），镜下可见泥晶结构，裂隙中充填碳酸盐胶结物416.56 m;

f.块状构造，泥晶结构，泥质矿物和石英组成，可见黄铁矿，粘土矿物，435.87 m;

g.可见致密的块状泥岩结构，445.87 m;

h.粘土矿物中伊利石与蒙脱石过渡转化形貌特征，颗粒间有孔隙构造，485.6 m;

i.块状泥岩，镜下可见长石矿物被溶蚀，后期被胶结物充填524.46 m;

j.块状构造，泥质结构，溶蚀后形成的孔隙被碳酸盐矿物充填，可见石英和泥质矿物532.00 m;

k.扫描电镜下自形良好的菱面体白云石528.60 m;

l.长石的溶蚀现象，岩石内部孔隙呈不规则形貌特征，543.72 m。

图 3.2　TZK-2 井不同深度泥岩镜下典型矿物、微观构造与微观形貌特征

（a-c 引自向龙，2020；d、g、h 引自饶耕玮，2021）[105,107]

3.1.3 矿物组成特征

为了揭示巴音戈壁组上段泥岩垂向上矿物组成的变化规律，采用 X 射线衍射仪（核资源与环境国家重点实验室，型号为 Bruker D8）对 TZK-2 钻孔泥岩岩芯 44 件样品（深度 340~550 m）进行半定量分析发现，样品中的矿物组分主要为方沸石、碳酸盐矿物（含白云石、铁白云石、方解石等）及钠长石等，而粘土矿物相对含量较低（见图 3.3）。主要矿物组分方沸石与碳酸盐矿物随样品深度变化呈现明显的此消彼长两段变化特征：340~510 m 之间（见图 3.4，A-B 线以上），该段方沸石含量相对最高，变化范围为 16.60%~48.60%，平均含量约 30.28%，且方沸石含量随埋深增加下降趋势明显；随埋深增加碳酸盐矿物百分含量相对升高，其变化范围为 8.60%~40.60%，平均百分含量约 25.59%。510~550 m（见图 3.4，A-B 线以下）主要含有碳酸盐矿物和钠长石，呈现出相对更低的方沸石百分含量，平均约 20.83%；而碳酸盐矿物百分比相对最高，平均含量约 43.12%。同时发现粘土矿物相对含量<10%，随埋深增加变化不大，伊利石为主。

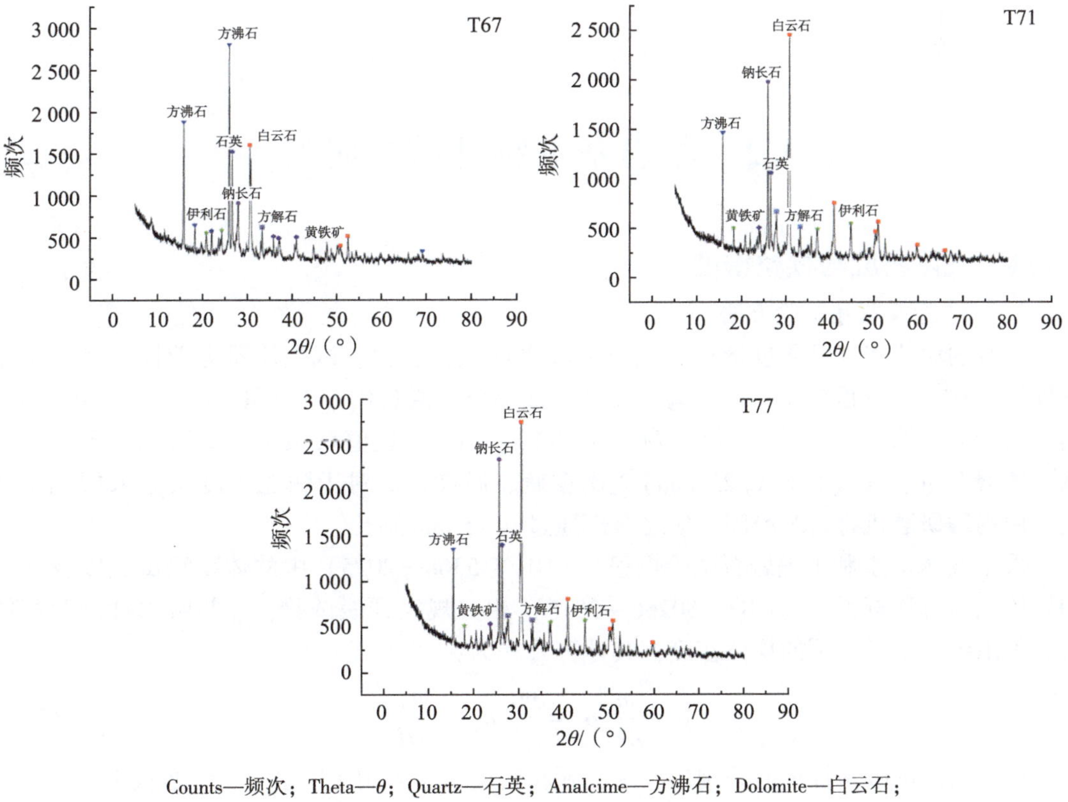

Counts—频次；Theta—θ；Quartz—石英；Analcime—方沸石；Dolomite—白云石；Albite—钠长石；Pyrite—黄铁矿；Calcite—方解石；Illite—伊利石

图 3.3 目标层泥岩典型样品 XRD 衍射图（全岩）

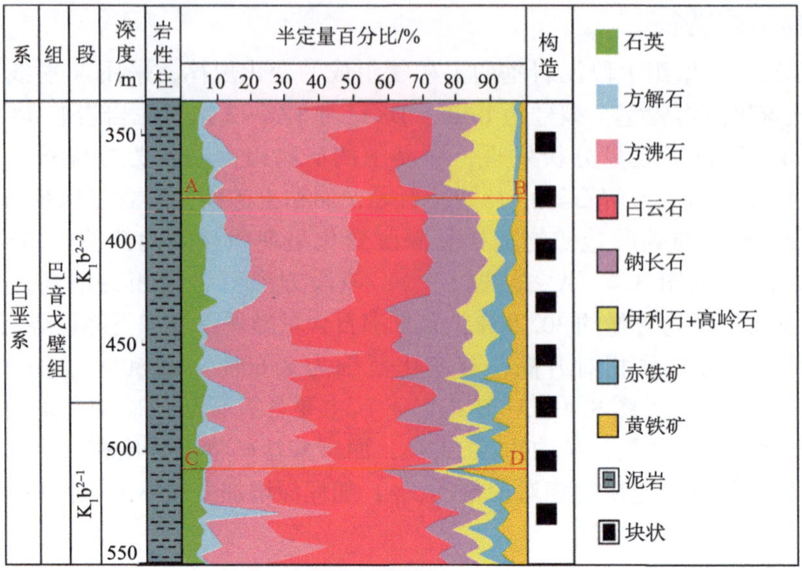

图 3.4　随深度变化预选地段泥岩全岩矿物组成（半定量）

3.2　泥岩基本物理特性研究

3.2.1　块体密度与颗粒密度

（1）试验仪器和试验方法

岩石的块体密度可通过量积法试验和吸水性试验获得。试验仪器为游标卡尺（最小分度值 0.02 g、量程 200 mm），电子天平（最小分度值 0.01 g、称量 1 000 g）。颗粒密度实验仪器为烘箱和干燥器、天平（称量 1 000 g、最小分度值 0.01 g）、真空抽气设备、玛瑙研钵磨石机、筛（孔径 0.25 mm）、比重瓶、温度计。对于颗粒密度实验采用比重瓶法，用玛瑙研磨机将岩芯粉碎，使之全部通过 0.25 mm 筛孔。

采用《水电水利工程岩石试验规程》（DL/T 5368—2015）中的体积法试验以及《工程岩体试验方法标准》（GB/T 50266—2013）相关规定开展试验，并与吸水性试验相结合，得出各含水条件下的块体密度，其计算公式为：

$$\rho = \frac{m}{AH}\rho_d = \frac{m_s}{AH}\rho_{sa} = \frac{m_\rho}{AH} \tag{3.1}$$

颗粒密度的吸水性试验采用洁净水，颗粒密度试验采用蒸馏水。各参数按下式计算：

$$w = (m_0 - m_s)/m_s \times 100\% \tag{3.2}$$

$$w_{sa} = (m_p - m_s)/m_s \times 100\% \tag{3.3}$$

$$\rho_s = m_s/(m_1 + m_s - m_2) \times \rho_{WT} \tag{3.4}$$

式中：ρ——岩石块体天然密度，g/cm^3；

ρ_{WT}——水的密度，g/cm^3；

ρ_d——岩石块体干密度，g/cm^3；

A——试件截面积，cm^2；

ρ_{sa}——岩石块体饱和密度，g/cm^3；

H——试件高度，cm；

m_0——烘干前试件质量，g；

w——岩石含水率,%；

m_s——烘干试件质量，g；

w_{sa}——岩石饱和吸水率,%；

m_p——试件经过强制饱和后的质量，g；

ρ_s——岩石颗粒密度，g/cm^3；

m_2——比重瓶、试液和岩粉总质量，g；

m_1——比重瓶和试液总质量，g。

（2）密度试验结果与分析

通过上述所示试验及计算方法，得出块体密度和颗粒密度的计算结果如表 3.1 所示。通过实验，发现该钻孔岩芯块体干密度总体分布于 1.94～2.34 g/cm^3之间，随深度增加，递增规律明显，由 510 m 的深度划分块体干密度呈现两段递增趋势，510 m 以上部分平均值为 2.10 g/cm^3、510 m 以下部分 2.34 g/cm^3。在 340～550 m 深度段内进行颗粒密度及总孔隙分析，表明场址钻孔岩芯颗粒密度均匀性较好，颗粒密度在 2.61～2.69 g/cm^3之间，平均值为 2.66 g/cm^3，随深度变化无明显规律。

表 3.1 钻孔岩芯块体密度和颗粒密度试验结果

编号	深度/m	直径/mm	长度/mm	体积/cm^3	m_0/g	m_s/g	m_p/g	ρ/(g/cm^3)	ρ_d/(g/cm^3)	ρ_{sa}/(g/cm^3)	ρ_s/(g/cm^3)
S11	342.70	49.75	24.90	48.39	100.80	97.40	108.50	2.08	2.01	2.24	2.67
S13	343.10	49.80	25.10	48.89	99.90	94.80	107.00	2.04	1.94	2.19	2.65
S13-2	343.10	49.80	24.99	48.67	101.80	98.70	109.30	2.09	2.03	2.25	2.61
D3-3	385.40	49.85	50.05	97.69	216.20	208.30	227.40	2.21	2.13	2.33	2.69
D3-2	393.00	50.03	25.04	49.22	105.40	102.00	112.10	2.14	2.07	2.28	2.65
S35	394.40	49.82	90.02	175.46	384.50	371.80	406.60	2.19	2.12	2.32	2.68
D11-2	429.90	49.97	50.19	98.42	217.70	211.90	229.50	2.21	2.15	2.33	2.66
D11-1	429.90	49.89	25.06	48.98	108.40	105.50	114.30	2.21	2.15	2.33	2.66
D12-1	440.00	50.04	25.05	49.26	108.00	103.50	113.30	2.19	2.10	2.30	2.66
D6-2	473.60	50.06	50.24	98.86	228.80	222.50	237.50	2.31	2.25	2.40	2.69
L12	475.00	49.08	40.08	75.82	164.30	160.20	174.30	2.17	2.11	2.30	2.61
D20-2	486.80	50.02	25.12	49.35	106.70	104.60	113.40	2.16	2.12	2.30	2.69
D2-3	528.00	49.88	25.22	49.28	117.30	115.30	120.90	2.38	2.34	2.45	2.69
D5-2	534.60	50.07	25.11	49.44	117.50	115.60	121.20	2.38	2.34	2.45	2.68
D5-2-2	533.40	50.11	25.12	49.53	117.10	115.40	121.00	2.36	2.33	2.44	2.65

3.2.2 含水率

在天然状态下，泥岩孔隙中含有自由水。因此，为了测定岩石的孔隙度大小，一般间接通过测其含水率获得结果。上一节中，已测定了自然状态下自由水在岩石中的百分含量，将其作为目标层泥岩的孔隙含水率，进而推算孔隙度。可见，含水率越高，该段泥岩孔隙越多、孔隙度越大。

为了研究预选地段目标层泥岩的含水情况，选取该地段 TZK-2 钻孔泥岩样品，挑选 340~550 m 范围内 51 件样品，通过野外现场试验测量其含水率。为了确保所测泥岩含水率的精度，需要进行野外实地跟钻。岩芯取出后，第一时间进行现场切割，取样岩块为质量 30~100 g 的立方体，每隔 3 m 选取一组岩样，按组选取 3 个含水率试样。先测量自然状态下岩样质量 m_0，然后在 150 ℃烤箱中持续烘干 24 h，将其置于干燥器中冷却直至达到室温，之后再称其质量 m_s。按照含水率公式（见公式 3.2），测算每组岩样的含水率，并对其进行平均值法处理，然后将三个岩样的含水率分别记录为每组样品层位泥岩的含水率。

TZK-2 钻孔样品，通过实验测算得到 340~550 m 范围内含水率介于 0.74%~9.97%，含水率平均为 4.13%。预选地段目标层位泥岩含水率均值约 3.85%[61]。由此可见该段泥岩整体含水率较低，较法国与瑞士的粘土岩含水率约 6.7%更具优势。通过图 3.5 可知，目标层泥岩垂向上含水率随着埋深递增整体降低。可能因泥岩受到压实作用与自重力作用的影响内部的孔隙变小进而孔隙度降低，从而导致含水率降低。分析 TZK-2 泥岩埋深与含水率间关系可知：目标层泥岩的埋深与含水率无明显线性关系，这可能因岩芯中孔隙、微裂隙等空隙构造的存在，致使含水率在泥岩的孔隙构造较发育层偏高。

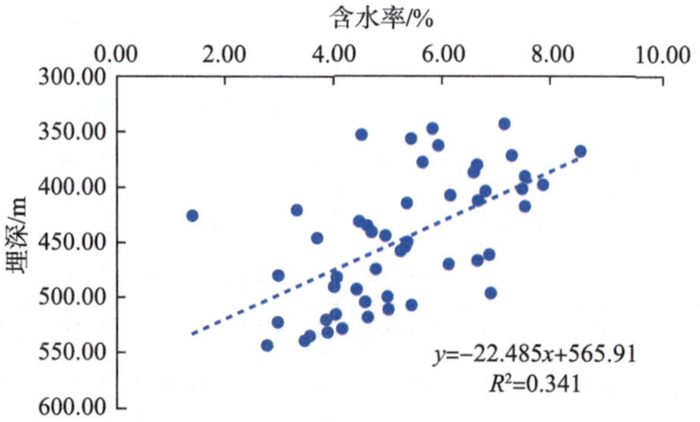

图 3.5 含水率随深度变化关系

3.2.3 孔隙度与渗透率

因为岩石中的孔隙是互相连通的，所以具有渗透能力的流体可以渗透到岩石内。由于放射性废物处置过程中，流体会不断与天然屏障空气发生接触，这就需要准确评估流体渗透穿过天然屏障孔隙的难度。因此，为了更好地评价预选地段泥岩的特性，有必要对处置库中作为围岩的泥岩样品的孔隙度与渗透率进行研究。

（1）试验仪器和试验方法

本实验采用苏州纽迈分析仪器公司的核磁共振纳米孔隙分析仪（VTMR20-010V-1）进

行低场核磁共振测试（见图 3.6）。主频 21 MHz，磁场强度（0.5±0.05）T，探头线圈直径：10 mm。对泥岩试样进行抽真空（4 h）、加压（30 MPa/12 h）、蒸馏水饱和等处理。

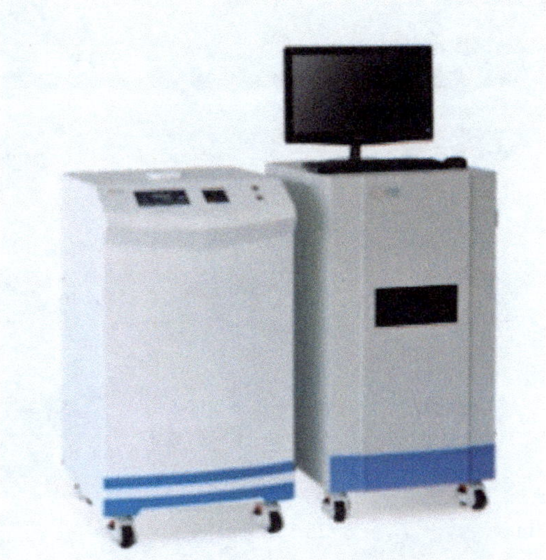

图 3.6　核磁共振纳米孔隙分析仪

流体在孔隙中弛豫过程方程式可用下列公式表达：

$$1/T_2 \approx 1/T_{2\ \text{表面}} = \rho_2 \left(\frac{s}{v}\right)_{\text{孔隙}} \tag{3.5}$$

式中：ρ_2——T_2表面弛豫率；

$\left(\frac{s}{v}\right)_{\text{孔隙}}$——孔隙比表面积。

（2）孔隙度试验结果与分析

本书采集 TZK-2 不同深度 18 个样品（见图 3.7）进行孔隙度测试，图 3.8 典型样品的孔径分布与孔喉分布显示，当 T_2值较低时，表示孔隙越多；反之当孔隙较大时，则 T_2值也较高，因此，孔隙分布可由 T_2光谱分布反映[116]。峰的位置取决于孔径的大小尺寸，峰面积的大小与孔径的孔喉有对应关系[117-118]。根据前人对孔喉划分的四个类型[119]，以及本次实验结果可知，预选地段泥岩的孔喉都非常小，纳米孔喉与微米孔喉居多，因渗透率受泥岩孔喉分布影响，该段泥岩属于超致密泥岩。所以该段泥岩的孔喉极细小，泥岩渗流过程中会产生很大的阻力，粘土岩的排替压力通常会超过 10 MPa。

表 3.2 可以看出，TZK-2 的孔隙度分布以 1.75%～17.86%之间为主，平均孔隙度为 10.18%。虽然不同深度孔隙度变化趋势没有明显的线性关系，但随深度增加而孔隙度整体呈逐渐递减趋势，在 510 m 左右孔隙率递减明显。

图 3.7　TZK-2 不同深度典型泥岩样品

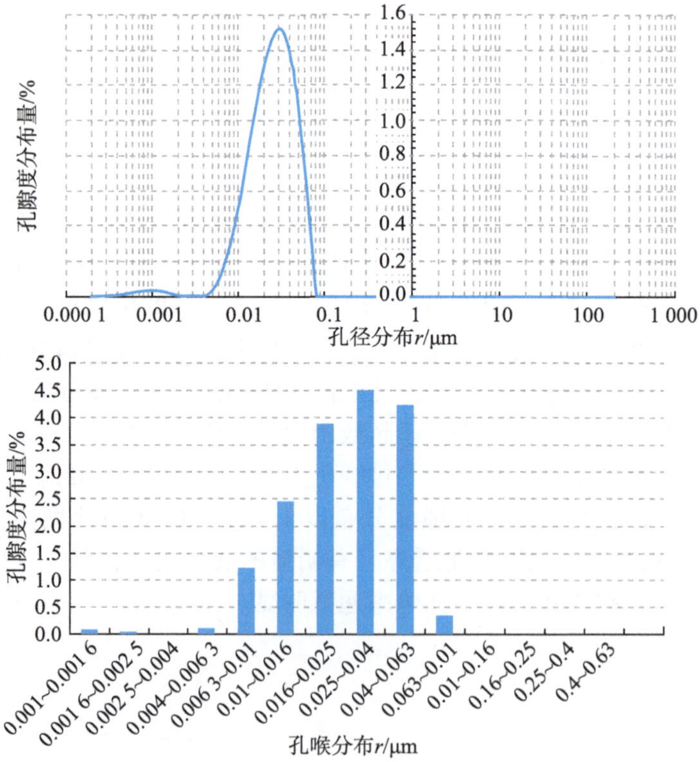

图 3.8　典型样品孔径孔喉分布

表 3.2 TZK-2 不同深度泥岩样品孔隙度测试结果

编号	样品深度/m	原始质量/g	70 ℃烘干 48 h 质量/g	真空饱和普通水 48 h 质量/g	样品含水量/g	样品体积/ml	孔隙度/%
1	350. 20	8. 195 4	7. 930 8	8. 549 6	0. 618 8	3. 652 0	16. 94
2	380. 20	9. 861 0	9. 566 9	10. 355 4	0. 788 5	4. 414 0	17. 86
3	401. 45	16. 842 8	16. 355 5	17. 676 1	1. 320 6	7. 624 0	17. 32
4	422. 40	5. 800 0	5. 635 1	5. 769 4	0. 134 3	2. 307 0	5. 82
5	452. 10	9. 547 5	9. 337 4	9. 955 1	0. 617 7	4. 294 0	14. 39
6	475. 20	12. 058 5	11. 801 0	12. 519 4	0. 718 4	5. 247 0	13. 69
7	501. 50	10. 282 0	10. 073 1	10. 816 1	0. 743 0	4. 755 0	15. 63
8	524. 90	8. 446 8	8. 342 1	8. 726 6	0. 384 5	3. 481 0	11. 05
9	552. 70	11. 669 6	11. 389 9	12. 286 6	0. 896 7	5. 618 0	15. 96
10	573. 90	22. 355 2	22. 113 1	22. 601 5	0. 488 4	8. 908 0	5. 48
11	599. 10	19. 232 7	19. 129 1	19. 594 5	0. 465 4	7. 745 0	6. 01
12	602. 40	9. 112 3	9. 034 0	9. 220 8	0. 186 8	3. 721 0	5. 02
13	627. 90	6. 317 9	6. 251 3	6. 484 3	0. 233 0	2. 668 0	8. 73
14	649. 80	6. 707 7	6. 583 2	6. 805 4	0. 222 2	3. 040 0	7. 31
15	676. 60	18. 772 4	18. 672 3	18. 808 3	0. 136 0	7. 765 0	1. 75
16	700. 00	11. 888 5	11. 777 8	12. 004 9	0. 227 1	4. 684 0	4. 85
17	726. 30	8. 558 5	8. 467 0	8. 737 9	0. 270 9	3. 541 0	7. 65
18	775. 50	9. 826 8	9. 696 5	10. 028 4	0. 331 9	4. 233 0	7. 84

（3）渗透率试验与结果分析

确保目标层泥岩基础物性测试结果的准确性和试验完整性，该段泥岩渗透率测试试验样品与前文孔隙度测试样品性质一致。采用 KXD-Ⅱ型孔渗联测仪（江苏联友科研仪器有限公司）。依据 Boyle 定律、Darcy 定律，对塔木素预选地段岩样进行了 15 个 TZK-2 泥岩样品的相关测试，并对有关测试结果记录如表 3.3 所示。气测渗透率在 10^{-17} ~ 10^{-16} m^2 之间，气测渗透率在垂直层理与平行层理差别不大。通过获取的目标层泥岩基础物性参数发现含水率、孔隙度、渗透率等试验结果良好。该段泥岩整体上致密、均匀、稳定，空隙较少，满足处置库围岩的基本物性要求。

表 3.3 泥岩气测渗透率和气测渗透系数结果表[61]

序号	与层理面关系	埋深/m	直径/cm	长度/cm	孔隙度/%	气测渗透率 $10^{-17}/m^2$	气测渗透系数 10^{-11}/（m/s）
1	平行	608. 00	2. 54	4. 80	7. 96	8. 59	5. 33
2	平行	608. 00	2. 54	5. 28	7. 43	18. 8	11. 7

续表

序号	与层理面关系	埋深/m	直径/cm	长度/cm	孔隙度/%	气测渗透率 $10^{-17}/m^2$	气测渗透系数 10^{-11}/（m/s）
3	垂直	608.00	2.54	8.18	—	3.14	1.95
4	垂直	608.00	2.53	4.35	7.75	9.43	5.85
5	垂直	608.00	2.54	3.81	10.10	6.66	4.13
6	垂直	608.00	2.53	5.72	7.70	3.06	1.90
7	垂直	608.00	2.54	3.47	7.18	2.06	1.28
8	平行	617.00	2.54	4.59	6.13	3.07	1.91
9	平行	617.00	2.54	5.19	5.51	2.98	1.85
10	垂直	617.00	2.55	8.61	—	2.02	1.25
11	垂直	617.00	2.55	9.04	—	1.66	1.03
12	平行	726.00	2.55	5.20	10.99	50.6	31.4
13	平行	726.00	2.53	5.91	10.31	3.06	1.90
14	垂直	726.00	2.55	7.98	9.13	4.04	2.51
15	垂直	726.00	2.55	8.68	—	2.88	1.79

3.2.4 自由膨胀率

本次选试样选自预选地段TZK-1井深度为531.5~542.48 m。表3.4与图3.9所示为加工后进行试验的泥岩试样及编号。自由膨胀率实验测试时间大于48 h，测试结果如图3.10所示。

表3.4 膨胀性试验岩样记录[61]

岩样编号	钻孔号	深度/m	样品长度/mm	描述
1	TZK-1#	531.50	70	粉砂含量5%~10%，块状泥岩，浅灰色
2		532.60		
3		532.70	73	
4		542.48	57	粉砂含量为10%~15%，块状含粉砂泥岩，深灰色

图3.9 泥岩自由膨胀率试验试样

在测试时间范围内，图 3.10a 的试样形变值变化基本呈指数式，20 h 前上升显著，20 h后增加缓慢且渐趋稳定。图 3.10b 试样的形变特征与图 3.10a 的特征较为相似（轴向上），但径向变形特征差异较大。径向表现为在 10 h 出现变形低值，之后渐增，至 20 h，形变值减小显著，此后持续较低。图 3.10c 试样与图 3.10a 试样形变特征类似。图 3.10d 与图 3.10a 试样径向形变特征整体一致，随实验时间增加形变值整体上升。10 h 后轴向变形明显减小，之后也持续较低。根据岩石自由膨胀率公式，可得泥岩样品的轴向自由膨胀率为 0.19%~0.26%，径向自由膨胀率为 0.05%~0.16%。结果表明，所取试样的轴向和径向自由膨胀率与埋深无明显关系，且轴向、径向自由膨胀率增减情况同步。

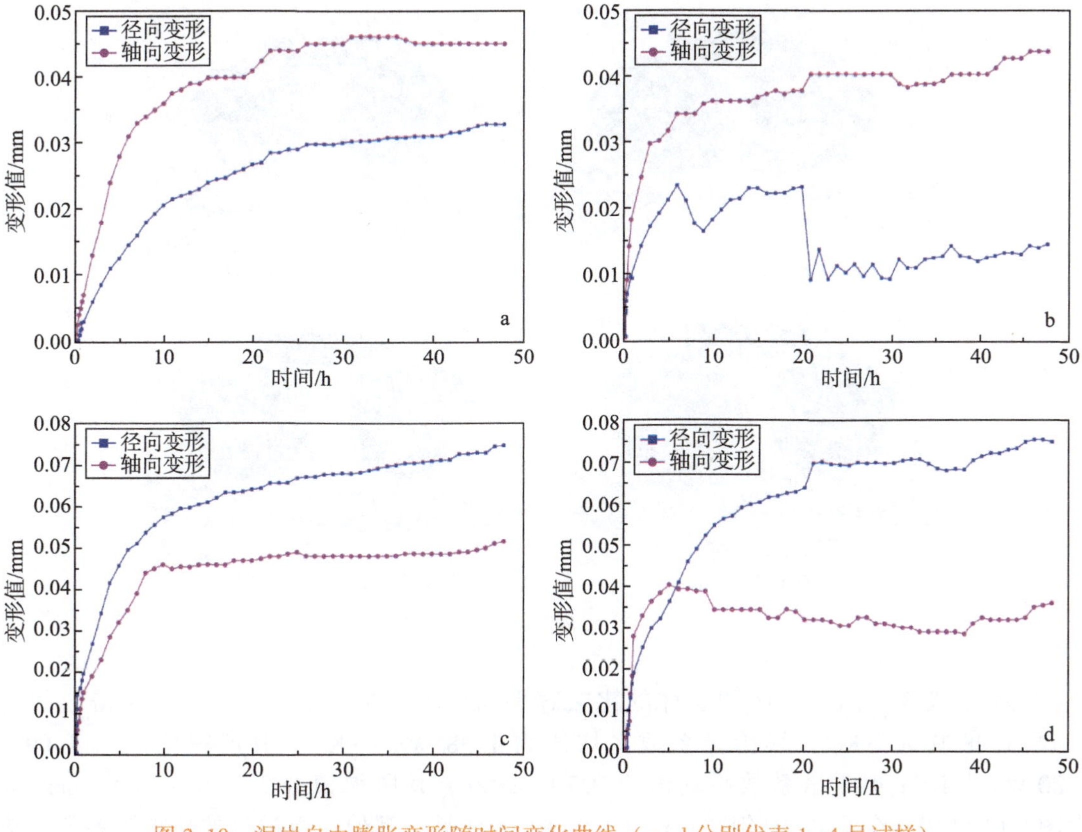

图 3.10 泥岩自由膨胀变形随时间变化曲线（a~d 分别代表 1~4 号试样）

3.2.5 热学性能

干燥状态下，测试 5 组泥岩样品的基本热传导性能，可得其热扩散系数、热传导系数和比热容。共制备 12 个（6 对）圆柱形岩样（见图 3.11），按顺序编号，然后按组划分每对岩样（如，T-2C-1 和 T-2C-2d 属于 T-2C 组）。由于 T-2E 组岩芯略长，共制备了 2 对 4 个岩样。

（a）岩样T-2C-1和T-2C-2

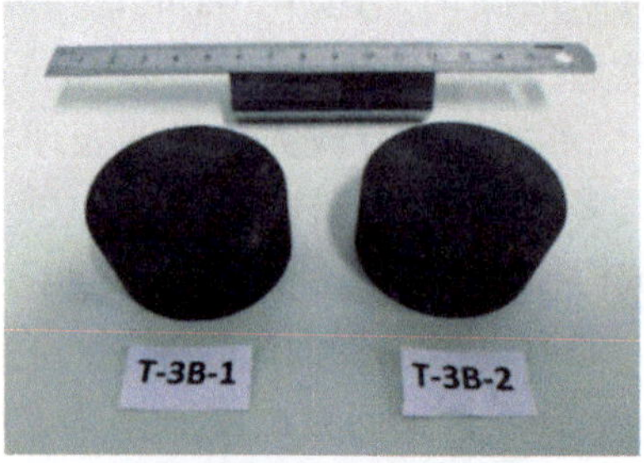

（b）岩样T-3B-1和T-3B-2

（c）岩样T-3C-1和T-3C-2

（d）岩样T-3D-1和T-3D-2

（e）岩样T-2E-1和T-2E-2

（f）岩样T-2E-3和T-2E-4

图 3.11　制备的 6 对泥岩岩样

结果如表 3.5 所示，所测岩样的比热容平均值为 1.75 $MJm^{-3}\cdot K^{-1}$，其所得值间于 1.52~1.98 $MJm^{-3}\cdot K^{-1}$；热传导系数平均值为 1.38 $Wm^{-1}\cdot K^{-1}$，其所得值间于 1.09~1.80 $Wm^{-1}\cdot K^{-1}$；热扩散系数平均值为 0.79 mm^2/s，其所得值介于 0.61~1.03 mm^2/s。由图3.13 可知，除了 T-2E 组 T-2E-3、T-2E-4 样品，其他 5 组样品的热扩散系数与热传导系数的变化规律相似，即二者之间存在着同步变化的趋势。与之相反，样品的比热容与热扩散系数、热传导系数的变化趋势恰好相反。

表 3.5　岩样基本热传导性能测试结果[61]

编号	岩样编号	比热容/$MJm^{-3}\cdot K^{-1}$	热传导系数/$Wm^{-1}\cdot K^{-1}$	热扩散系数/（mm^2/s）
T-2C	T-2C-1	1.53	1.56	1.02
	T-2C-2	1.52	1.57	1.04
	平均值	1.53	1.57	1.03

续表

编号	岩样编号	比热容/MJm^{-3}·K^{-1}	热传导系数/Wm^{-1}·K^{-1}	热扩散系数/（mm^2/s）
T-2E	T-2E-1	1.67	1.54	0.93
	T-2E-2	1.64	1.55	0.95
	平均值	1.65	1.55	0.94
	T-2E-3	2.00	1.80	0.90
	T-2E-4	1.92	1.79	0.93
	平均值	1.96	1.80	0.92
T-3B	T-3B-1	1.78	1.09	0.61
	T-3B-2	1.79	1.09	0.61
	平均值	1.79	1.09	0.61
T-3C	T-3C-1	1.84	1.11	0.60
	T-3C-2	1.82	1.11	0.61
	平均值	1.83	1.11	0.61
T-3D	T-3D-1	1.71	1.15	0.67
	T-3D-2	1.72	1.15	0.68
	平均值	1.72	1.15	0.67

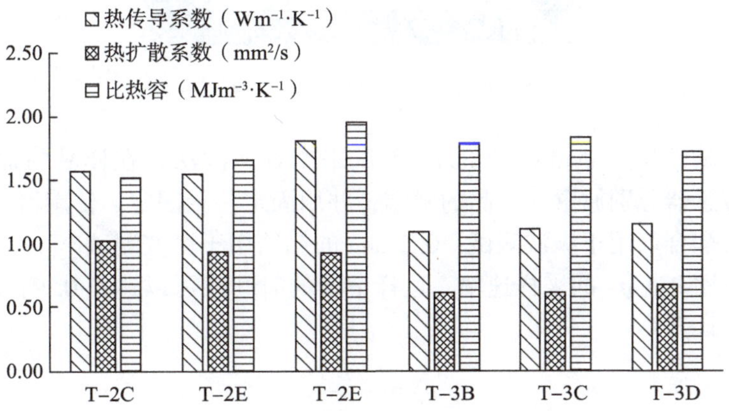

图 3.12 泥岩样品热传导性能变化图

3.3 泥岩不同深度力学特性试验研究

3.3.1 试样制备

现场取芯直径是63 mm，经精细加工制备出符合试验标准的试件。按照《工程岩体试验方法标准》（GB/T 50266—2013）标准，开展单轴、三轴压缩试验。试件为直径48~

54 mm的圆柱体；高径（容许偏差为±0.3 mm）比宜为 2.0~2.5；两端平整度偏差±0.05 mm；端面与轴线垂直，容许偏差为±0.25°。进行抗拉强度测试时，岩样的加工精度必须与单轴或三轴压缩试验相同，高径比 0.5~1.0，直径 48~54 mm。对岩芯加工尺寸要求如表 3.6 所示。本书中力学试验均在中国科学院武汉岩土所开展。

表 3.6 岩样加工要求

岩样尺寸/mm	试验内容
$\phi50\times100$	波速参数、单轴抗压强度、三轴抗压强度
$\phi50\times25$	抗拉强度

3.3.2 声波测试试验

（1）试验仪器和试验方法

采用 RSM-SY5 型声波仪开展试验（见图 3.13）。在本次试验中，采样以 0.1 μs 设间隔，纵波与横波的发射频率分别为 300 kHz 和 400 kHz。

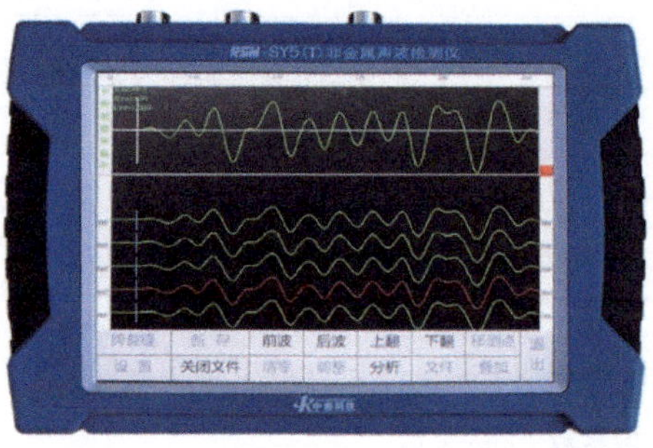

图 3.13 声波测试仪（RSM-SY5 型）

声波试验的试件尺寸 $\phi50\times100$ mm。测试采用直达波法，在样品的抽线方向上，将纵、横向声波传感器分别放置在样品的两端，并用固定装置固定。传感器与岩样之间的耦合介质为：声波耦合剂用于纵波测试，0.2 mm 的铝箔用于横波测试。

测试中，使用 0.1 μs 的采样速率，这样记录的时间就可以达到 0.1 μs 的精确，可以用下式进行波速计算：

$$\nu_p = \frac{L}{t_p - t_0} \tag{3.6}$$

$$\nu_s = \frac{L}{t_s - t_0} \tag{3.7}$$

式中：ν_p——纵波波速，m/s；

t_p——纵波行走时间，μs；

ν_s——横波波速，m/s；

t_s——横波行走时间，μs；

L——试样长度，mm；

t_0——仪器延时时间，μs。

（2）声波试验结果与分析

由表 3.7 可以看到 TZK-2 钻孔岩芯在 360 m 左右和 470 m 左右弹性波波速有波动，但整体随深度增加弹性波波速明显增加，纵波波速与横波波速有良好的相关性。岩芯纵波波速与横波波速平均值分别为 3 198.15 m/s 和 1 905.14 m/s。

表 3.7 钻孔岩芯弹性波试验结果

深度	纵波波速/（m/s）	横波波速/（m/s）	深度	纵波波速/（m/s）	横波波速/（m/s）
342.7~348.8	2 887.99	1 571.54	440~442	3 148.60	1 820.05
358.8~363	2 855.72	1 588.55	452.5~453.9	3 180.92	1 811.85
363.2~370.3	2 295.23	1 298.62	472.5~476.4	3 819.06	2 275.73
366.8~367.4	2 177.99	1 170.60	480.2~486.8	3 254.45	1 853.10
381.1~388.2	2 965.77	1 675.57	490.1~491.7	3 208.51	1 813.36
393.4~403.2	2 902.96	1 684.89	516.9~519.6	3 767.59	2 222.29
408.7~409.1	3 221.81	1 786.65	522.9~528.0	3 943.25	2 306.67
416.1~431.7	2 944.66	1 667.22	532.0~538.1	3 875.09	2 345.81
429.3~430	3 265.57	1 869.76	541.8~548	4 091.98	2 433.68

3.3.3 抗拉强度试验

（1）试验仪器和试验方法

泥岩单轴抗拉强度在 RMT-150C 岩石力学试验机上测试，如图 3.14 所示。该试验装置的主要技术参数为：

竖向最大输出力：1 000.0 kN（100.0 kN、1 000.0 kN 两级）；

水平最大输出力：500.0 kN（100.0 kN、500.0 kN 两级）；

垂直、水平活塞行程：均为 50.0 mm；

变形速率：0.000 1~1.0 mm/s（13 级）；

加载速率：0.01~100.0 kN/s（13 级）；

最大围压：50.0 MPa；

围压速率：0.001~1.0 MPa/s（10 级）；

疲劳频率：0.001~1.0 Hz（10 级）；

机架刚度：5 000.0 kN/mm。

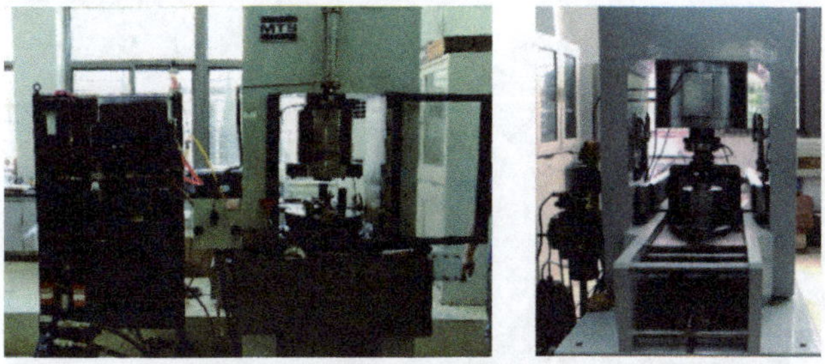

图 3.14 单轴抗拉强度试验设备

本书利用巴西劈裂原理进行单轴抗拉强度试验间接测试，装置如图 3.15 所示。试验前，多次测量两端面互相垂直 4 条直径并取平均值。然后测两端面轴边对称点（4 个）和中心点高度（5 个）取均值。试件在专门设备中测试，采用 0.002 mm/s 的速率档加载（约等于 0.4 MPa/s），直到失效时将压力值记录下来，按下列公式计算出岩石的抗拉强度：

$$\sigma_t = \frac{2P}{\pi DH} \tag{3.8}$$

式中：σ_t——岩石抗拉强度，MPa；

P——破坏荷载，N；

D——试样直径，mm；

H——试样高度，mm。

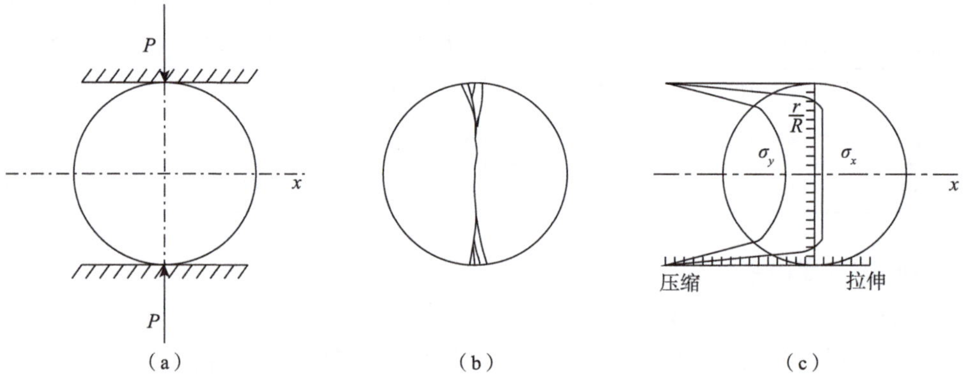

图 3.15　巴西劈裂试验原理

（2）抗拉强度试验结果与分析

根据上述试验方法，本次开展巴西劈裂试验主要选取 TZK-2 钻孔岩芯 22 组共 64 件样品进行抗拉强度实验，按照规范要求，部分试样如图 3.16 所示。为了更加深入地研究岩样的强度和变形特性在不同阶段的表现，本书选取了样品中 TZK-2 钻孔岩芯的 22 组抗拉强度数据的有效平均值进行分析，详见表 3.8。

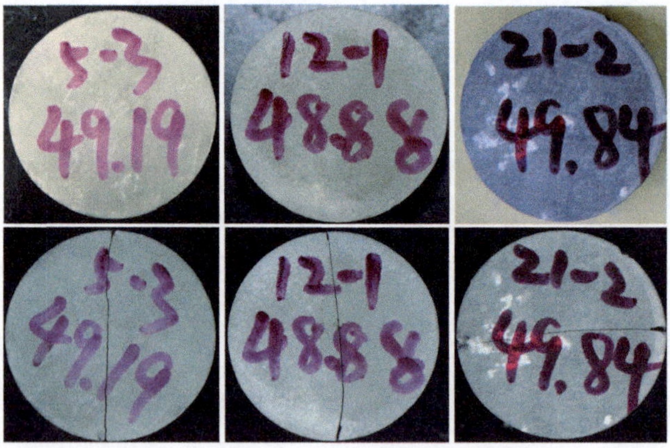

图 3.16　巴西劈裂实验部分试样破坏前后

表 3.8　TZK-2 孔不同深度岩芯抗拉强度试验结果

组号	埋深/m	厚度/mm	直径/mm	破坏荷载/kN	抗拉强度/MPa
1	344.77	25.22	49.83	1.35	0.67
2	350.00	25.07	49.94	2.75	1.27
3	379.00	24.93	49.83	1.99	1.08
4	381.00	24.86	49.80	1.77	1.21
5	398.00	25.05	49.77	2.32	1.18
6	406.00	24.90	49.78	1.26	1.08
7	417.00	25.03	49.84	0.41	0.39
8	428.00	24.85	49.87	2.40	1.13
9	439.00	24.95	49.86	0.73	1.06
10	454.00	24.90	49.87	1.76	0.95
11	466.00	24.91	49.83	2.04	1.12
12	475.00	25.06	49.01	1.00	0.95
13	481.00	24.94	49.88	1.41	1.41
14	496.00	25.07	49.86	3.66	1.68
15	509.30	25.07	49.44	3.62	2.02
16	510.00	25.00	49.90	2.59	1.43
17	511.70	24.99	49.23	2.33	1.37
18	516.00	25.02	50.02	2.89	1.46
19	518.00	24.92	49.87	4.71	2.40
20	521.00	24.95	49.88	4.13	2.41
21	538.00	25.24	50.16	7.42	3.68
22	540.00	24.93	49.86	5.04	2.85

从图 3.17 可知，钻孔岩芯抗拉强度值在 0.39~3.68 MPa 之间，钻孔抗拉强度随深度增加有指数增长的趋势。340~475 m 深度范围内，抗拉强度基本保持稳定，均值为 1.01 MPa。当深度达到 475 m 后，随着深度的增加，抗拉强度急剧上升，均值为 2.07 MPa。这可能因岩石天然形成过程复杂且有各向异性，即使同一地层样品的物理力学性能也会受到岩石的矿物组分、结构构造等自身因素的影响。

3.3.4　单轴压缩试验分析

（1）试验仪器和试验方法

在 MTS815 岩石力学测试装置（美国 MTS 公司生产）上进行单轴、三轴压缩试验，如图 3.18 所示。该装置主要用于岩石等普通力学性能测试，并配备数字化三轴压力测试系统。具体参数：

垂直最大输出力：4600 kN；垂直活塞行程：100 mm；疲劳频率：0.001～0.5 Hz；最大围压：140 MPa；试验框架整体刚度：11.0×10^{9} N/m。

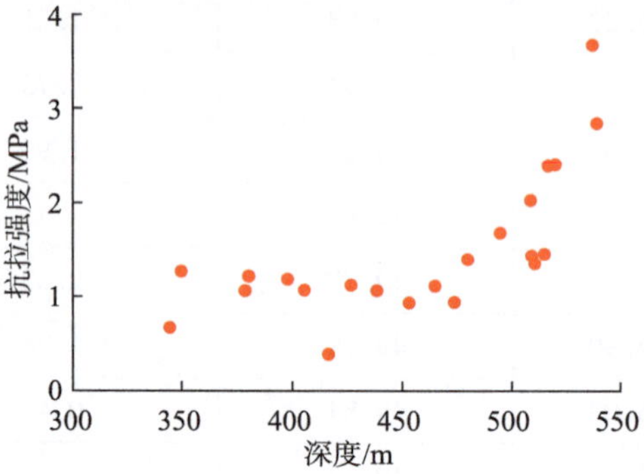

图 3.17　TZK-2 孔岩样的抗拉强度随深度变化关系图

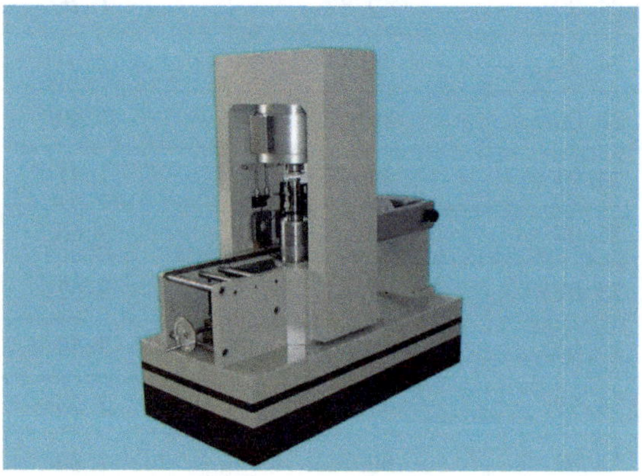

图 3.18　岩石力学试验仪器（MTS）

单轴压缩试验方法测得到岩石的峰值强度、弹性模量和泊松比。试验的相关参数如下：应变测量刃口标距为 50 mm。实验中，以 10^{-3} mm/s 的应变速率为基准，调控轴向应变。试验中，将直径、高度及传感器等参数录入系统自动测算应力、应变、位移等，以提供整理所需的参数。

试验结束情况：当试样达到压缩强度时，或者试样突然断裂时，系统达到一定保护值时就会自动停止测试。达到强度后，样品还存在残余强度，随着应力的逐渐降低，应变仍在发展，在应力降低到接近于零的时候，手动停止实验，并在后期绘制出应力和应变的变化过程曲线。

具体实验数据计算方法：

单轴抗压强度、弹性模量和泊松比，依照相关规程及《岩石力学试验建议方法》中切线弹性模量的 E_e 和泊松比 μ 的计算公式要求得出：

$$E_e = \frac{\Delta\sigma}{\Delta\varepsilon} \tag{3.9}$$

具体使用最小二乘法计算线性方程，采样应力应变值，其斜率为 E_e。

$$\mu = -\frac{\text{轴向应力应变曲线的斜率}}{\text{径向应力应变曲线的斜率}} = -\frac{E_e}{\text{径向曲线的斜率}} \tag{3.10}$$

其中：径向曲线的斜率同 E_e，试样为自然状态。图 3.19 应力-应变曲线为 TZK-2 孔岩芯样品在单轴压缩条件下部分实验情况。

（2）单轴压缩试验结果与分析

在此以塔木素预选地段 TZK-2 钻孔岩样为研究对象，根据岩石力学测试规范，开展单轴压缩试验。将 60 个样品分为 1~20 组开展单轴压缩试验。图 3.19 中是样品典型单轴压缩应力-应变曲线。以探讨不同深度试样的变形特征和强度，本书在研究单轴应力-应变全过程曲线时，每组样品中选取接近平均值的试样数据进行分析，见表 3.9。

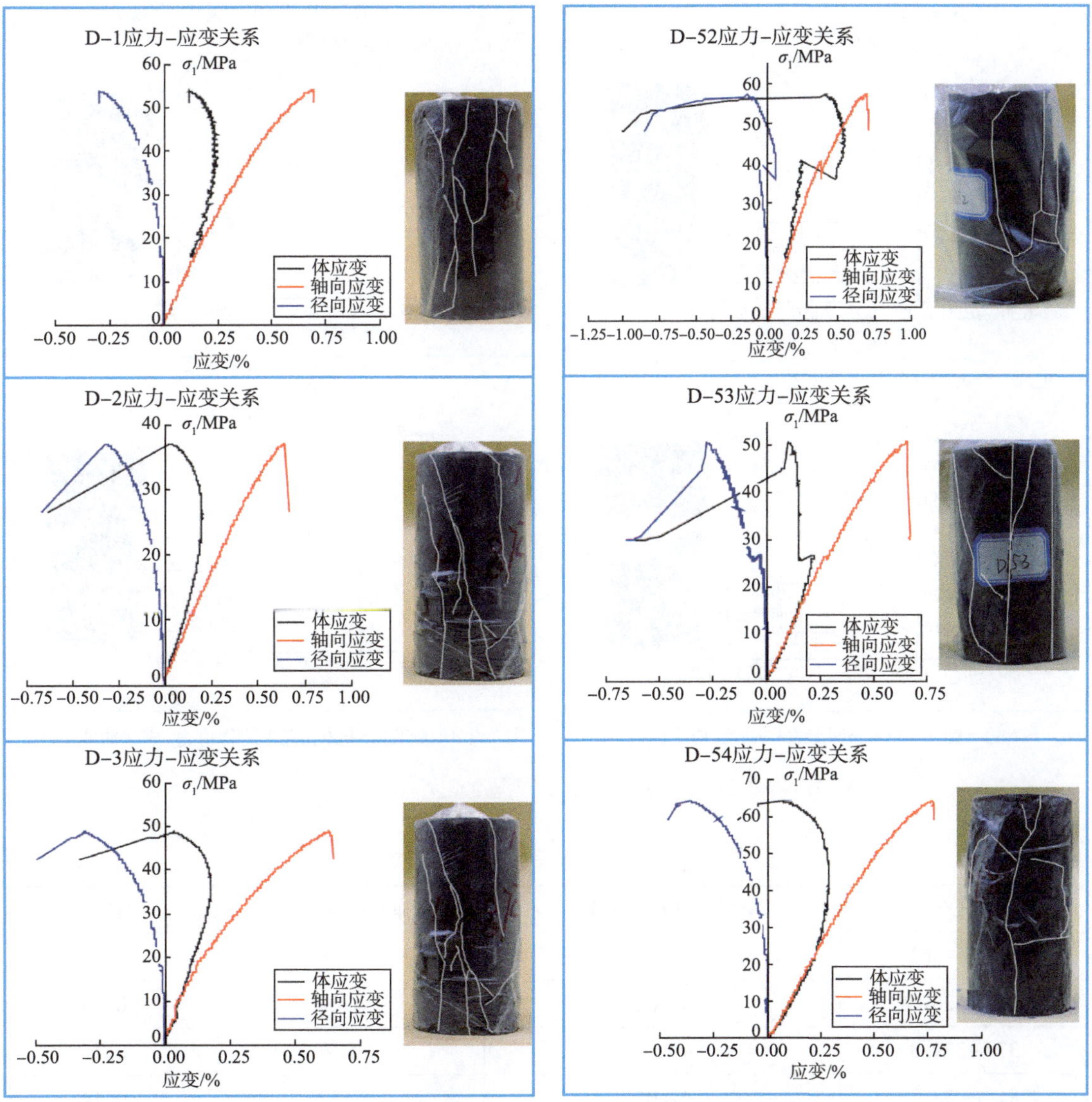

（a）358.8~363.0 m深度岩样应力-应变曲线　　（b）408.7~409.1 m深度岩样应力-应变曲线

图 3.19　TZK-2 孔典型岩样不同深度应力-应变曲线

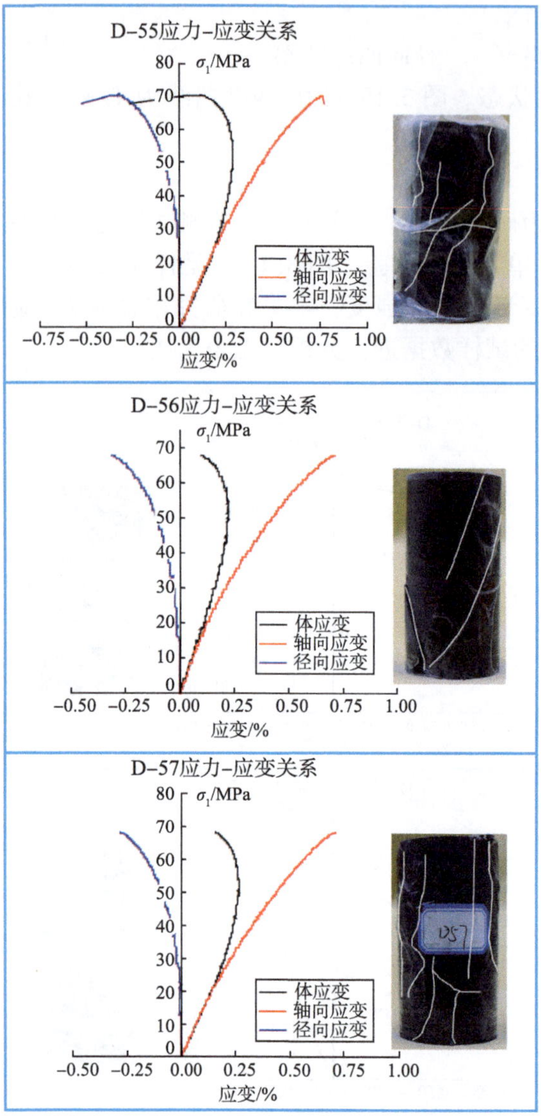

（c）452.5~453.9 m深度岩样应力-应变曲线

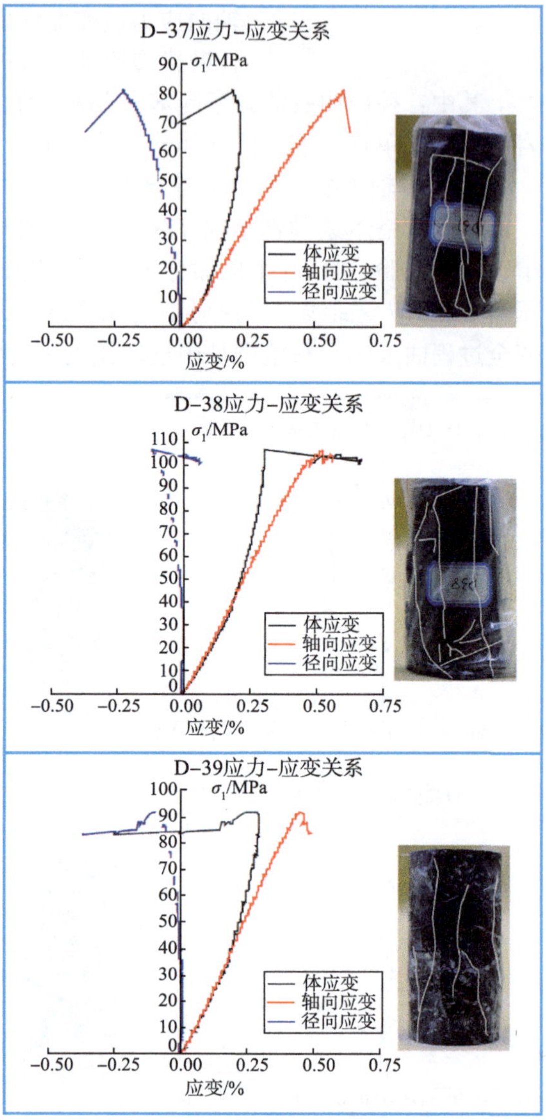

（d）541.5~548.0 m深度岩样应力-应变曲线

图 3.19 TZK-2 孔典型岩样不同深度应力-应变曲线（续）

表 3.9 TZK-2 孔单轴压缩试验结果

深度/m	单轴抗压强度/MPa	弹性模量/GPa	泊松比
358. 8~363	47. 37	8. 98	0. 17
366. 8~367. 4	36. 02	4. 82	0. 15
379~379. 8	42. 1	5. 7	0. 16
381. 1~388. 2	47. 05	7. 82	0. 14
385. 4~393	46. 79	8. 37	0. 14
408. 7~409. 1	58. 14	10. 73	0. 12

续表

深度/m	单轴抗压强度/MPa	弹性模量/GPa	泊松比
418. 5～419. 3	65. 63	10. 05	0. 14
429. 3～430	46. 92	7. 05	0. 14
430. 5～430. 8	41. 99	10. 07	0. 13
440～442	68. 52	9. 48	0. 11
452. 5～453. 9	69. 54	12. 36	0. 12
467～468. 4	46. 42	8. 32	0. 1
472. 5～476. 4	61. 8	12. 62	0. 12
480. 2～486. 8	66. 62	10. 63	0. 13
490. 1～491. 7	49. 87	8. 5	0. 12
503. 3～509. 3	49. 54	12. 22	0. 11
516. 9～519. 6	66. 87	13. 47	0. 14
522. 9～528	84. 44	18. 51	0. 12
533. 4～536. 3	75. 53	14. 46	0. 11
541. 8～548	93. 85	19. 56	0. 09

在巴音戈壁组上段 TZK-2 泥岩中，在常温单轴抗压试验时，340～550 m 范围内的泥岩变形主要是弹性变形。当试件的轴压达到弹性极限时，试件将发生局部损伤，其应力-应变曲线将随试件承载力的增加而波动，直至发生脆性破坏。断裂后的试件仍然有较大的剩余强度。在发生破裂后，岩样仍然存在很大的残余强度，在达到峰值后，持续的荷载会使试件损伤进一步加重，直至岩样被完全破坏碎裂（见图 3. 19）。

在压缩期间，试样主要呈现 4 种破坏形式（见图 3. 19）：①形成两个或更多个破裂面［见图 3. 19（a）］；②试样沿某一主断面损坏［见图 3. 19（b）］；③剪切断裂面呈“V”形或“Y”形［见图 3. 19（c）］；④试件出现柱状劈裂破坏，局部有较小斜裂缝［见图 3. 19（d）］。

根据单轴压缩试验的结果，可以看出，试件出现不同破坏面且数量各不相同，可能由于下部轴向拉应力和剪应力开始减小，剪切面增大，从而拉伸断裂也随之增大，从而新的断裂面沿主断面不断出现，且数量不唯一。但是，因试件来自地下不同深度，其矿物成分、孔隙以及密度存在差异，故各自发生的抗压强度也各不相同，从而形成的破坏面也存在一定的差别。

由图 3. 20、图 3. 21 可知，钻孔岩芯单轴抗压强度、弹性模量在深度 390 m、510 m 处呈现台阶式上升，以 390 m、510 m 左右的深度为分界处。单轴抗压强度分布于 36～94 MPa之间，随深度的增加而明显提高。三段平均值分别为：43. 87 MPa、56. 82 MPa、80. 17 MPa。单轴弹性模量分布于 4. 35～19. 56 GPa 之间。与深度变化呈三段台阶式的正相关关系。三段平均值分别为：7. 38 MPa、10. 18 MPa、16. 50 MPa。

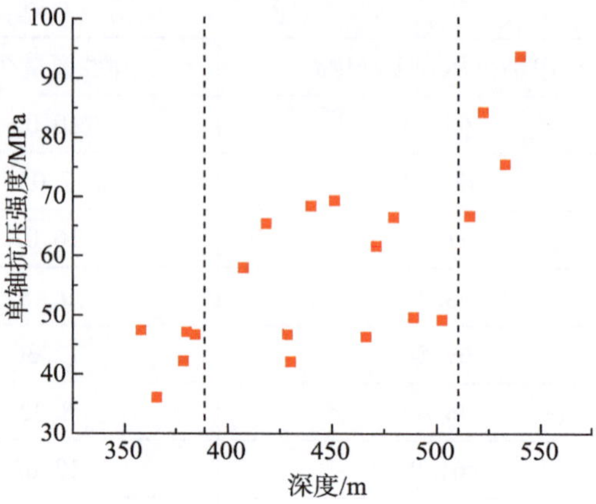

图 3.20　TZK-2 孔岩样抗压强度（单轴压缩条件）与深度的关系

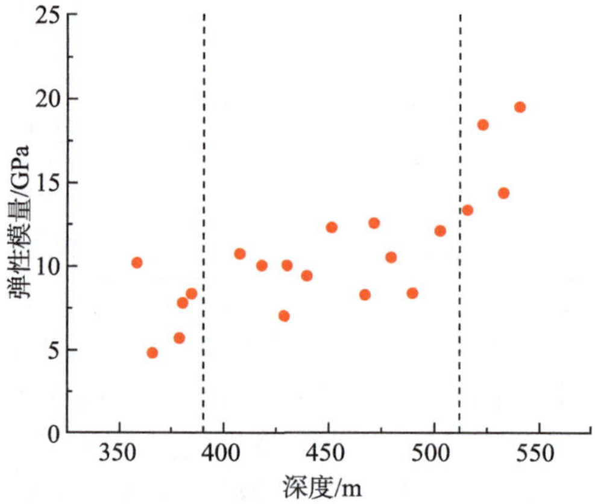

图 3.21　TZK-2 孔岩样弹性模量（单轴压缩条件）与深度的关系

由图 3.22 可知，钻孔岩芯泊松比分布于 0.09~0.18 之间，整体随深度增加呈三段台阶式负相关关系，在深度 390 m、510 m 左右为下降分界点。三段平均值分别为：0.15、0.12、0.11。

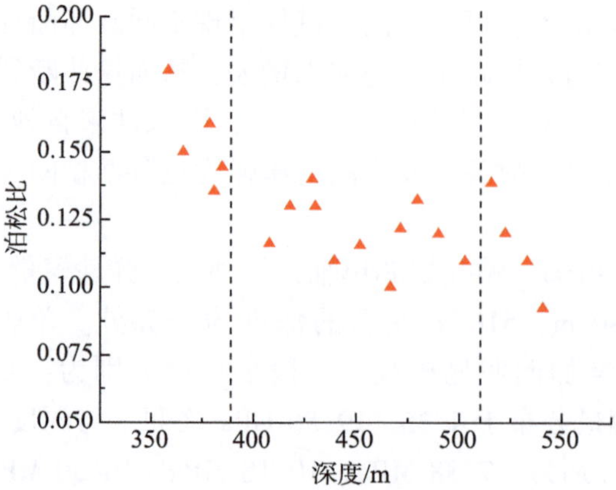

图 3.22　TZK-2 岩样泊松比（单轴压缩条件）与深度的关系

3.3.5 三轴压缩试验分析

（1）实验方法

三轴压缩试验仪器与前文中的单轴实验设备相同。三轴试验时所需输入的试件相关数值和试验程序也基本与单轴压缩试验相同，在此不再赘述。三轴强度与变形参数通过不同围压的三轴压缩试验实现。不同的是，在单轴条件下装完试样，将其置于三轴室，紧锁螺栓，注油排气。油满后施加预定速率 5 MPa/min 的围压值到三轴室。然后，在轴向应变率下（10^{-4} mm/s）荷载试验。当残余强度达到一定值并稳定后，再人工停机。

（2）三轴压缩试验结果与分析

本次试验中，对钻孔岩芯的 15 组共 45 个样品，在围压分别为 10 MPa 与 20 MPa 条件下，进行三轴压缩试验。得出岩样不同围压下及破坏过程中，其峰值强度的变化规律特征，具体岩样的局部应力-应变曲线见图 3.23 所示。

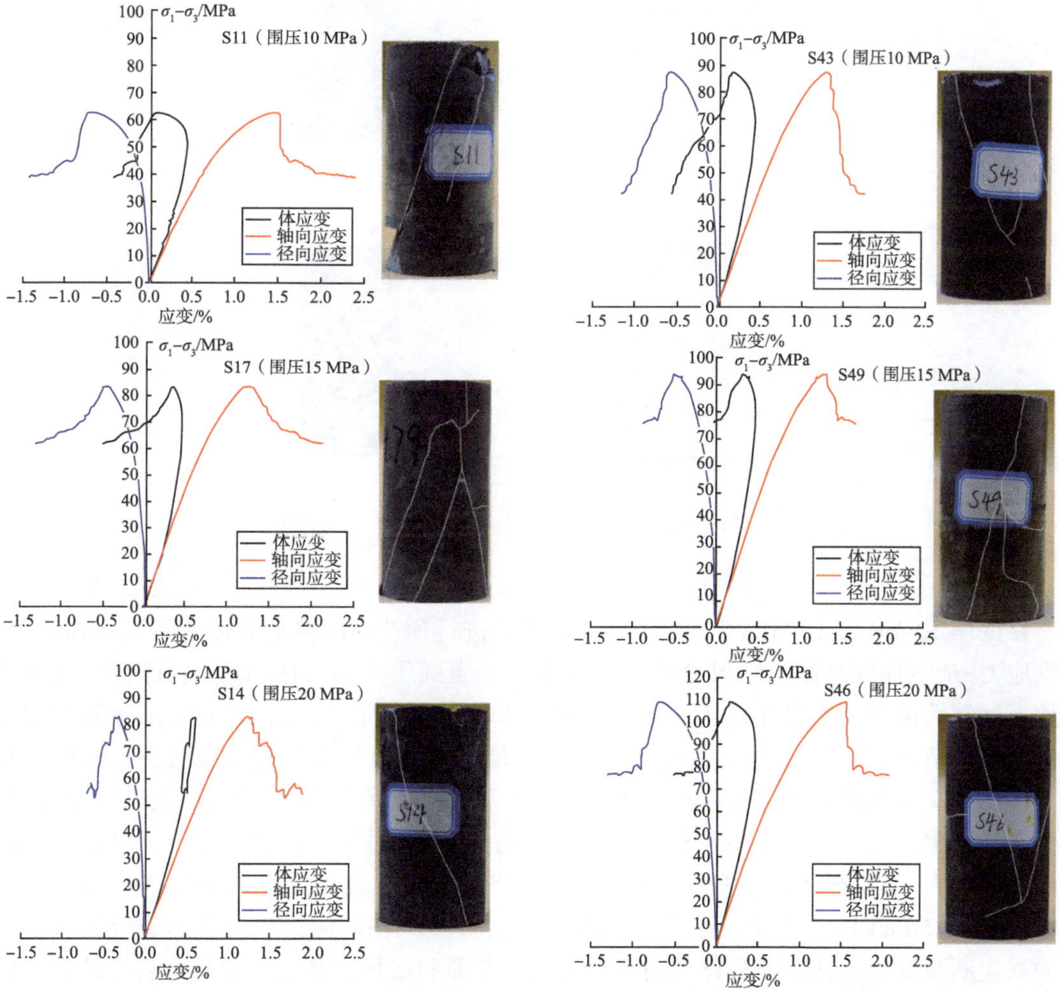

（a）342.7~348.8 m深度岩样不同围压下的应力-应变曲线　（b）416.1~431.7 m深度岩样不同围压下的应力-应变曲线

图 3.23　不同围压条件下不同深度部分岩样应力-应变曲线

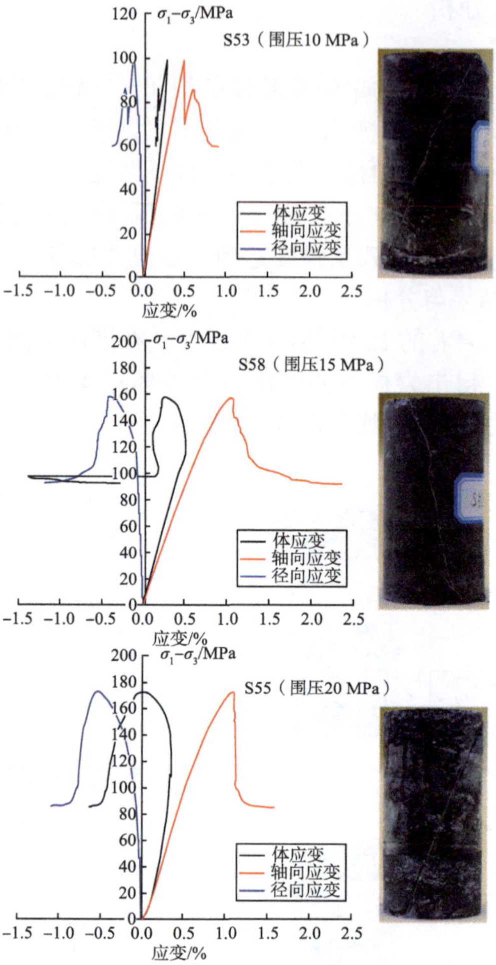

（c）532.0~538.1 m深度岩样不同围压下的应力-应变曲线

图 3.23　不同围压条件下不同深度部分岩样应力-应变曲线（续）

在围压 10 MPa、15 MPa 和 20 MPa 条件下，进行预选地段典型岩样的常温三轴试验。根据应力-应变曲线及试验结果分析，可以发现：当围压为 10 MPa 时，岩样在轴向应力作用下达塑性极限发生脆性破坏（即应力曲线达峰值，岩样破裂），岩石变形主要为弹性变形。在此情况下，岩石的应力-应变均会迅速增大，从而导致其破碎或破裂，试样会发生整体的贯穿性张性断裂；在极限值达峰值压力后，由于承载力的不断增大，试样断面的损伤更加严重，并产生了大的节理裂隙。试件的真实损伤特征可见图 3.25（白色线条表示破裂轨迹）。结果显示，试样在 10 MPa 围压作用下，表现出典型的脆性断裂破坏。围压增加到 15 MPa 时，试件出现拉伸剪切破坏。岩样受到轴向应力作用且达到峰值时，其表面发生断裂现象。从而使岩样的内部结构发生变形和破坏，甚至导致整个岩样结构丧失弹性，岩样的力学性能受到影响。当围压加大至 20 MPa 时，试件呈典型剪切破坏（单斜切变形破坏）。岩样受到应力作用时，表面已发生明显的位移，产生裂缝和断裂。岩样发生剪切破坏后其力学强度和完整性受到严重影响。

泥岩试样（预选地段深部）在不同围压作用下，轴向残余强度与破坏强度随围压的增加均增大，且形变亦增加。由图 3. 23 应力-应变曲线发现：应力达峰值时，试件破坏特征表现为脆性破坏，围压对其影响不显著。围压大于 10 MPa 时，试样破坏后仍然留有一定的承载能力。在试样破坏过程中，试样的应力和体应变间变化关系显示：试样破坏后，应力迅速下降，并发生了迅速的形变（体积膨胀）。在应力作用下，部分样品沿着软弱面发生破裂。岩样变形随着围压的增大而增加，但达到峰值后，岩样承载力逐渐降低，脆性破坏向延性破坏发展。

通过对预选地段巴音戈壁组上段的深部泥岩进行综合分析，可以得出：预选地段深部的泥岩整体抗压强度比较高，岩石在破碎后仍然有较大的残余承载强度。这与岩体中的微裂隙具有某种自愈合能力相关；围压增大岩石轴向断裂强度增大，残余强度与泥岩变形也随之增大。岩石呈现相应脆性破坏特征，且伴有迅速体积膨胀。

三轴压缩强度及变形参数测试结果如表 3. 10 所示。数据整理方法同单轴压缩试验，为了方便比较取各组实验结果的平均值。发现随着深度和围压的增加，10 MPa 时，抗压强度在 55. 94~105. 24 MPa 间，弹性模量在 4. 11~20. 43 MPa 间；15 MPa 时，抗压强度在 75. 65~148. 17 MPa 间，弹性模量 5. 63~18. 40 MPa 间；20 MPa 时，抗压强度在 80. 22~176. 33 MPa 间，弹性模量在 8. 33~21. 86 MPa 间。

表 3. 10　泥岩样品三轴压缩试验结果

深度/m	围压/MPa	试样组号	抗压强度/MPa	弹性模量/GPa	泊松比
342. 7~348. 8	10	1	65. 15	7. 36	0. 15
	15	2	80. 38	8. 98	0. 14
	20	3	82. 83	8. 33	0. 13
363. 2~370. 3	10	4	55. 94	4. 11	0. 2
	15	5	75. 65	5. 63	0. 14
	20	6	80. 22	8. 57	0. 12
393. 4~403. 2	10	7	76. 85	9. 20	0. 15
	15	8	86. 34	8. 86	0. 16
	20	9	92. 97	9. 85	0. 17
416. 1~431. 7	10	10	84. 12	9. 88	0. 17
	15	11	94. 30	9. 95	0. 16
	20	12	104. 59	9. 91	0. 16
532. 0~538. 1	10	13	105. 24	20. 43	0. 13
	15	14	148. 17	18. 40	0. 16
	20	15	176. 33	21. 86	0. 17

从图 3. 24 到图 3. 26 泥岩力学参数随围压变化关系可以得出：岩芯三轴抗压强度和弹性模量随着深度的增加而迅速增加，且呈三段台阶式上升；并且随围压的增大，抗压强度和弹性模量不断增大，呈正向相关。

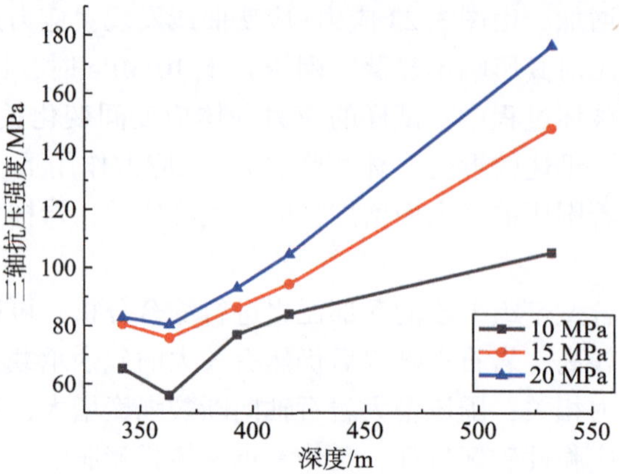

图 3.24　三轴压缩下试样抗压强度与深度关系

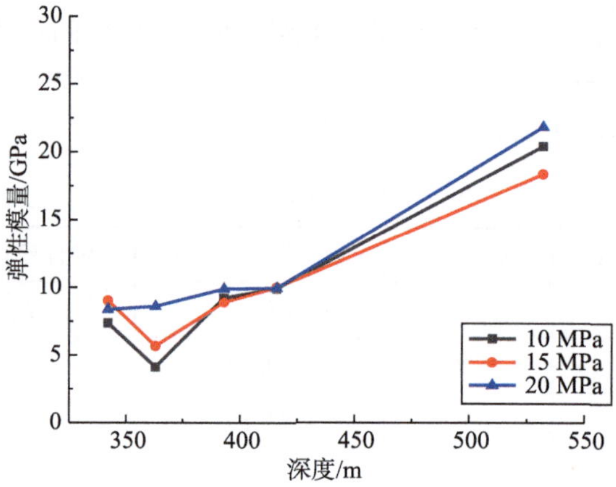

图 3.25　三轴压缩下试样弹性模量与深度关系

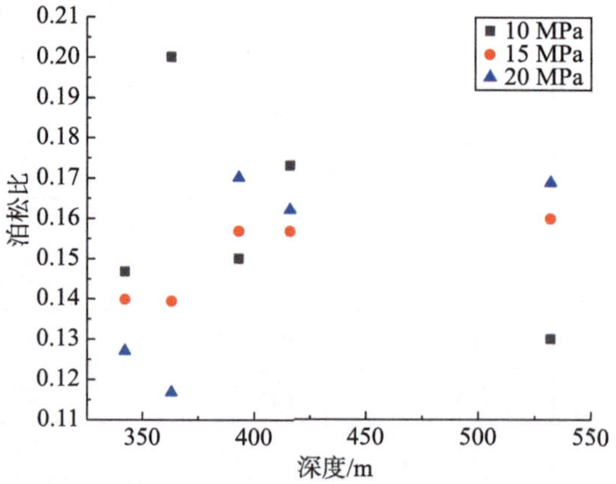

图 3.26　三轴压缩下试样泊松比与深度关系

对于试样的泊松比而言，由于试样的数目较少等不可控因素，难以拟合出准确的变化关系，试验结果呈现较离散的状态。泊松比分布于 0.116～0.200 之间，埋深较低时，与深度范围相关性比较显著。

3.4 泥岩岩性特征对力学特性影响

3.4.1 不同深度矿物组分与微观结构分析

通过钻孔岩芯样品的宏观结构和构造特征分析，及实验室内偏光显微镜和扫描电子显微镜的微观构造和形貌特征研究，发现：TZK-2 井 300~550 m 范围内，以完整块状泥岩为主，具有良好的均一性和连续性。不同深度的岩样中矿物含量存在差异，然而泥岩样品的矿物成分稳定。在深部泥岩中岩石孔隙度随深度变化而有所不同，因压实作用大致表现为随着深度递增孔隙度逐渐变小，因此岩石的孔隙、微裂隙等构造可能影响力学性能和热传导性能（见图 3.27）。

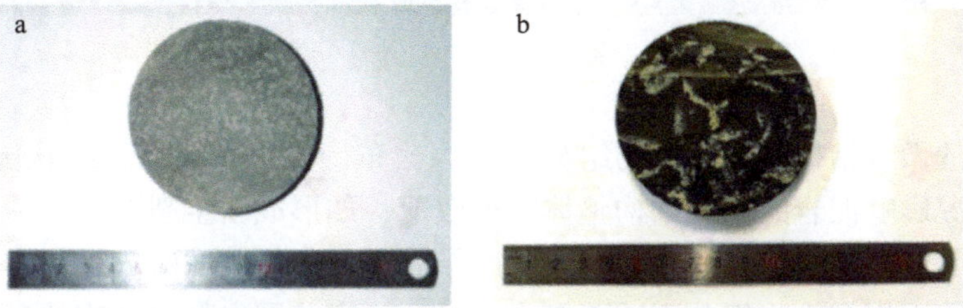

（a）后期孔隙构造充填碳酸盐矿物（h=457.16 m）　　（b）后期网脉状构造充填碳酸盐矿物（h=521.91 m）

图 3.27　泥岩典型宏观构造特征

在自然干燥条件下，泥岩内部是比较致密的，样品的内部结构没有明显的裂隙与孔洞，而且矿物之间胶结紧密（破坏前见图 3.28a~d）。在单轴压缩试验中，样品的断裂方式主要是脆性断裂，大多数是沿着岩样的细观结构或微观裂隙而产生发生破坏（破坏后见图 3.28a~d）。联系微观分析结果，不难发现由于岩石具有明显层状构造或发育裂隙和孔隙，导致岩样的结合强度较差，连接变得脆弱，所以导致岩样的破坏倾向于沿微裂隙和孔隙发育的结构面进行。通过对自然条件下，观测（SEM）泥岩试样破裂面，发现放大不同倍数，泥岩断口呈现的细观形貌特征明显[120]，如图 3.28 所示。放大 200 倍时观测［见图 3.28（e）］，该区域显示扫描试样表面，细观断裂破坏特征却不易描述；当放大到 800 倍时观测［见图 3.28（f）］，比较平整、致密的断面呈现，局部存有原生的裂隙与孔隙结构；而如果将倍数提升到 1500 倍时［见图 3.28（g）］，能够清晰地观察到断口局部的形貌特征，例如，存在相互独立的孔洞、沿晶裂隙和晶粒等，具有明显的脆性断裂特征；而当放大倍数提高到 3000 倍时［见图 3.28（h）］，从断口表面可以观察的形貌较为局限，观测范围内的特征形貌被进一步减少，从而岩石特定的形貌特征变得更为明显，如细小的裂纹、细小的晶体颗粒等，但还不能准确地描述断口局部的细观破坏特征。这对目标层位泥岩的裂隙、孔隙、隐层构造、纹层构造等微构造有了较好的验证。

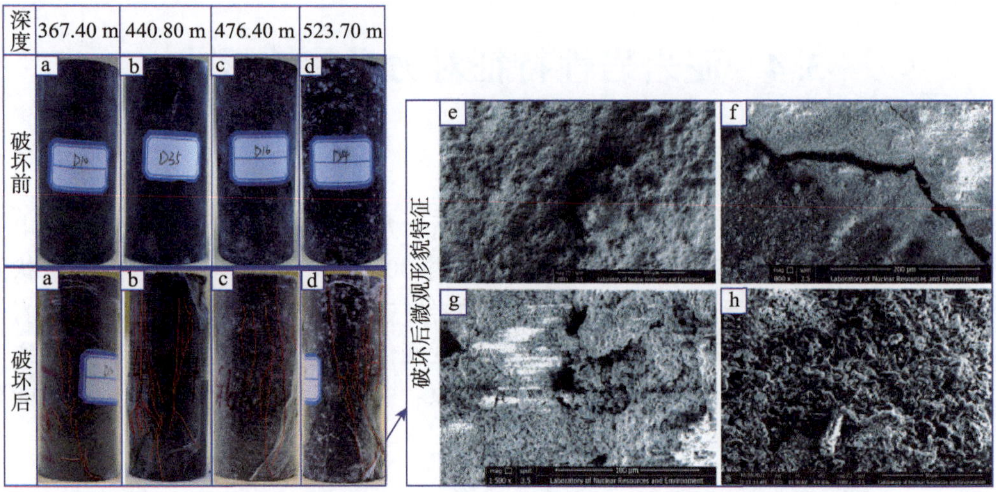

图 3.28 试件破坏前后宏观对比与破坏后微观形貌特征

由于岩样的微观结构同时受矿物组分、孔隙分布、含水状态、胶结状况等因素影响。而不同含水情况影响泥岩的微观结构整体特征改变，如形成新生裂隙，溶蚀形成的细微孔隙从而导致颗粒形态发生变化，致使岩样的胶结状况恶化等。同时含水率变化对岩样孔隙结构的改变趋势因岩样矿物组分不同而存在差异，一定范围内粘土矿物的存在会导致泥化效应、膨胀、溶蚀，引起裂隙结构的泥岩微观结构改变，力学性能弱化（相关力学参数发生变化）[121-122]。图 3.29 为泥岩样品含水率和孔隙度随深度的变化情况，目标层位泥岩随着埋深的增加，其含水率与孔隙度总体呈现下降趋势，且变化趋势基本相似，但是二者无明显线性关系。表明随着深度的增加，受压实作用影响，泥岩孔隙内自由水被排出，使得孔隙度和含水率降低。另外可能由于岩样内部存在孔隙、微裂隙等空隙构造，从而泥岩的含水率在隙构造较发育的层位有明显变化。

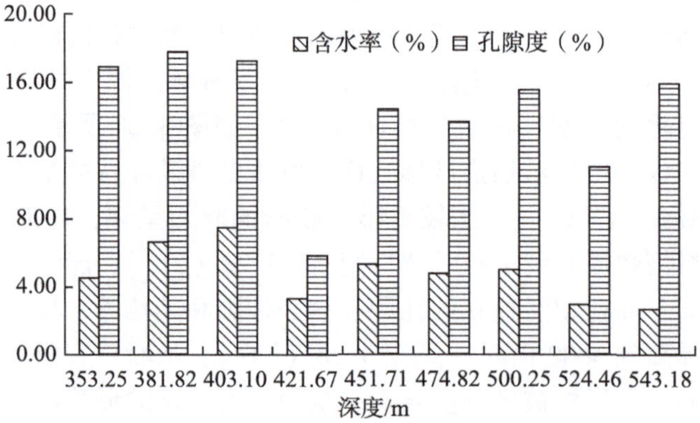

图 3.29 泥岩样品含水率和孔隙度随深度变化

含水率的减少，孔隙数量的增加，可能致使矿物之间的间隙增大，内部微裂隙发育，从而影响岩样的力学强度。探讨分析泥岩孔隙度、含水率与力学强度的关系，如图 3.30 所示，孔隙度与抗拉强度、抗压强度、弹性模量相关性显著，且为负向贡献，孔隙度越大，力学强度降低越明显；含水率与弹性模量相关性显著，而含水率与抗拉强度、抗压强度相关性较弱；含水率和孔隙度均与泊松比相关性较强，均为正向贡献。分析不同时间跨度塔木素预选区泥岩样品（340~550 m）力学强度的变化，发现孔隙增加、含水率降低对抗拉强度和单轴压缩实验中抗压强度、弹性模量和泊松比削弱较明显；相对而言，三轴压缩试验中，孔隙度和含水情况对相关力学参数影响较小，可能受到围压和加载速度等影响更为显著。

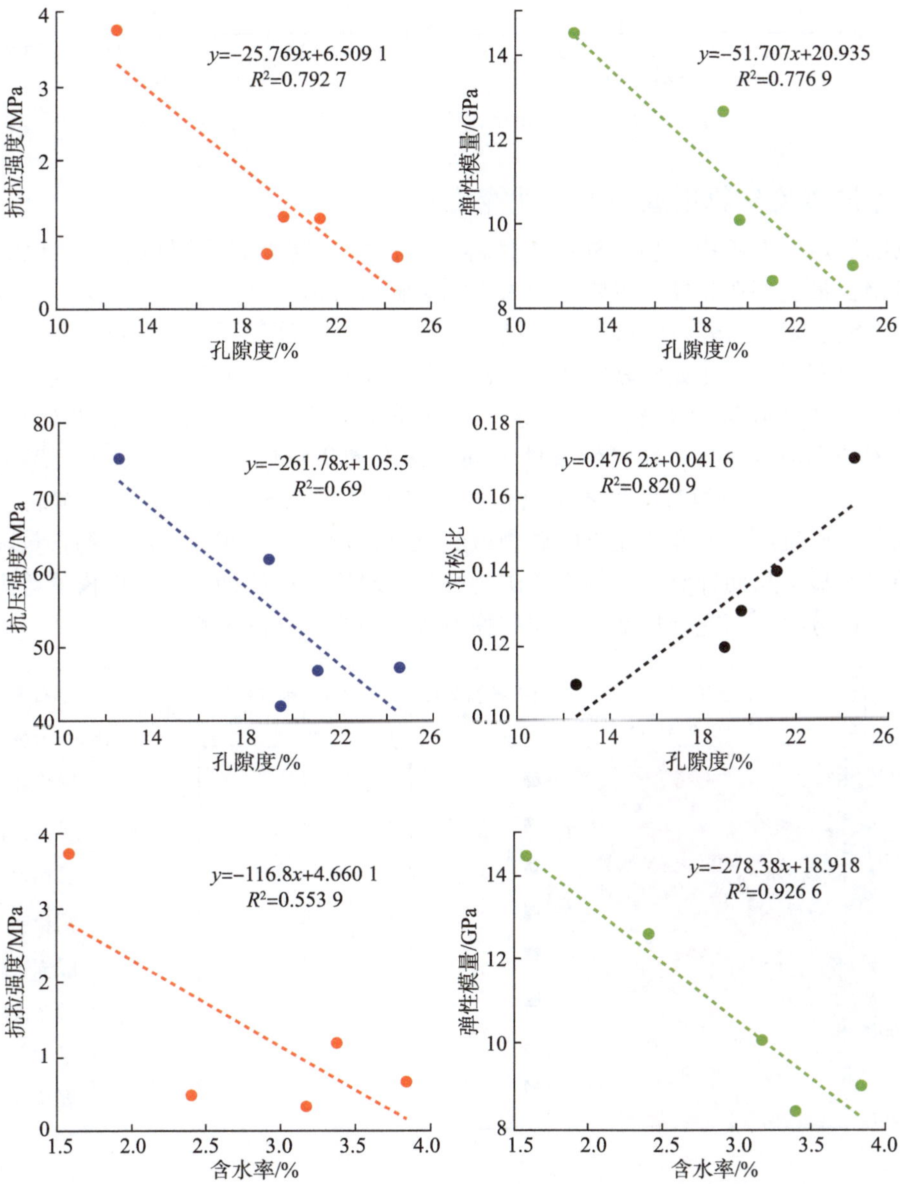

图 3.30　典型样品的孔隙度、含水率与力学强度的关系

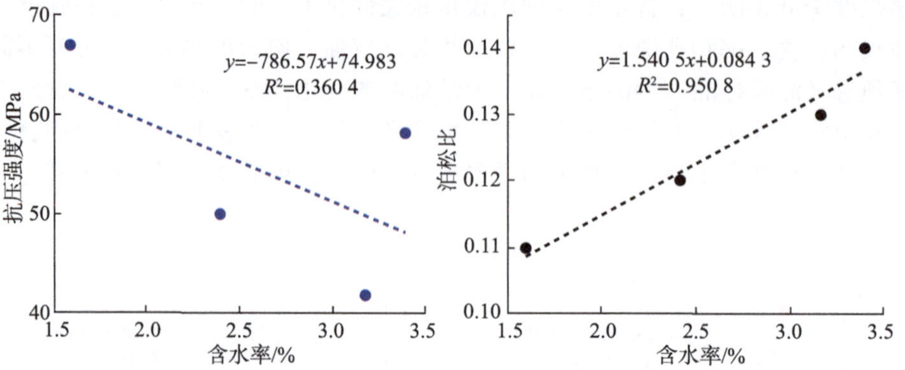

图 3.30　典型样品的孔隙度、含水率与力学强度的关系（续）

3.4.2　不同深度矿物组成与力学性能关系

矿物的稳定性由矿物性质、外部条件等因素决定。同类岩石因地层、产地等不同因素，其矿物含量也存在差异。主要表现为不同矿物成分的自然组合对岩石力学性能产生不同的作用，宏观表现为岩石纹理形态、结构形状、破坏强度等不同。矿物本身的特性对力学性质影响也有差异，比如属软弱造岩矿物的粘土矿物对岩石力学性能呈负向贡献；而具有高强度的矿物如硅酸盐矿物（石英等）或钙质矿物等含量越高，岩石力学性能越优。针对塔木素预选地段泥岩，在自然条件下同一深度的矿物成分及其含量进行鉴定，根据图 3.31可知，岩样矿物组分的主要矿物包括方沸石、白云石、钠长石、方解石、石英和粘土矿物等。而且不同深度，泥岩的矿物组成及赋存形式极为相似，但矿物含量随深度的变化而差异明显。从而针对岩样的主要矿物组分与对应的抗压强度、弹性模量等力学强度值进行相关性分析，探究预选地段岩样矿物组成对力学强度的影响。

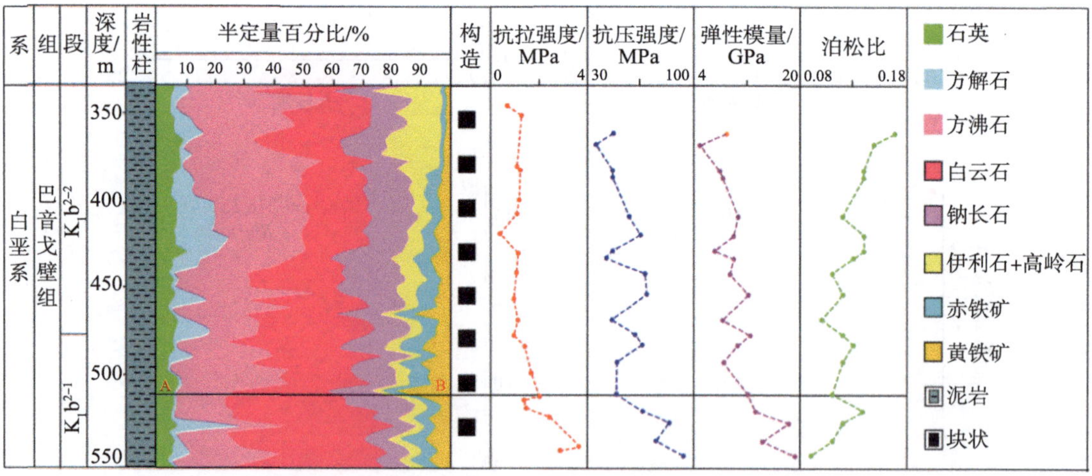

图 3.31　不同深度泥岩的主要矿物与力学强度

对不同条件下 20 个泥岩样品的抗拉强度、抗压强度、弹性模量与泊松比进行比较，见图 3.31，发现：随着埋深（压实）增加，岩样的相关力学参数总体呈上升趋势，但上升过程中以 A–B 线为分界线呈阶梯式，且无明显的线性关系。根据样品的矿物组分变化认识到，泥岩力学性能受岩石矿物成分及含量差异影响较明显。

对比目标层岩石力学参数及不同矿物组分变化规律发现：不同矿物组分含量随深度的不同而存在差异，且各种矿物成分含量变化越大，对岩石力学性能的影响越明显，如TZK-2孔的岩样中，含量较低的石英、粘土矿物，对弹性模量和抗压强度影响不显著；但相对含量较高的白云石和方沸石对泥岩宏观力学性能作用明显。可见，岩石中各种矿物含量的差异对其总体力学性能有很大的影响。因此，本研究针对岩样的矿物组分中含量较高的碳酸盐矿物（白云石和铁白云石）、硅酸盐矿物（此处将方沸石、钠长石归为一类）以及含量较低的粘土矿物、石英探讨其对泥岩力学性能的影响。主要探讨常规单轴、三轴（围压 10 MPa、15 MPa 和 20 MPa）压缩条件下岩石抗压强度和弹性模量的影响（见图 3. 32）。结果表明，岩样的抗压强度和弹性模量随着硅酸盐矿物含量的增大呈现先下降后趋于稳定的趋势；当硅酸盐矿物含量高于 45%时，开始对抗压强度和弹性模量呈正向贡献。而随着碳酸盐矿物的含量增加抗压强度和弹性模量整体呈现上升的趋势，当碳酸盐矿物含量超过 20%时，对抗压强度和弹性模量呈明显正相关；泊松比随矿物含量变化较离散（见图 3. 33），相关性不明显。岩样中石英和粘土矿物的含量较小对各力学参数的影响不明显。

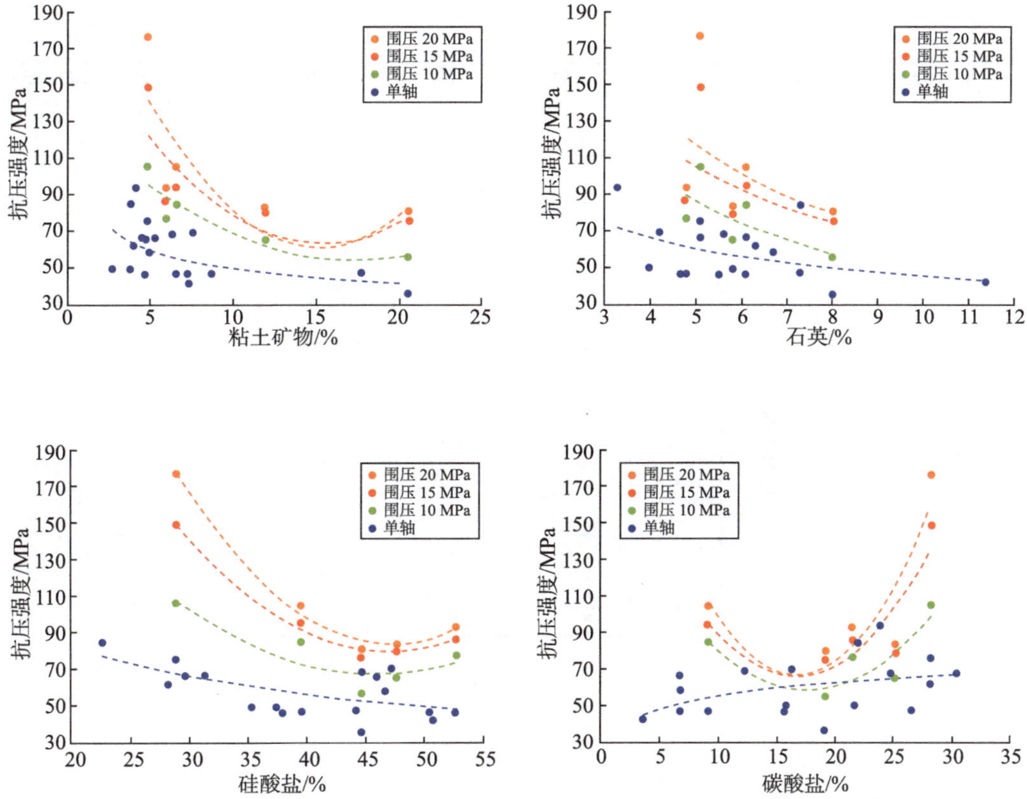

图 3. 32　泥岩样品的主要矿物组分含量与弹性模量、抗压强度变化关系

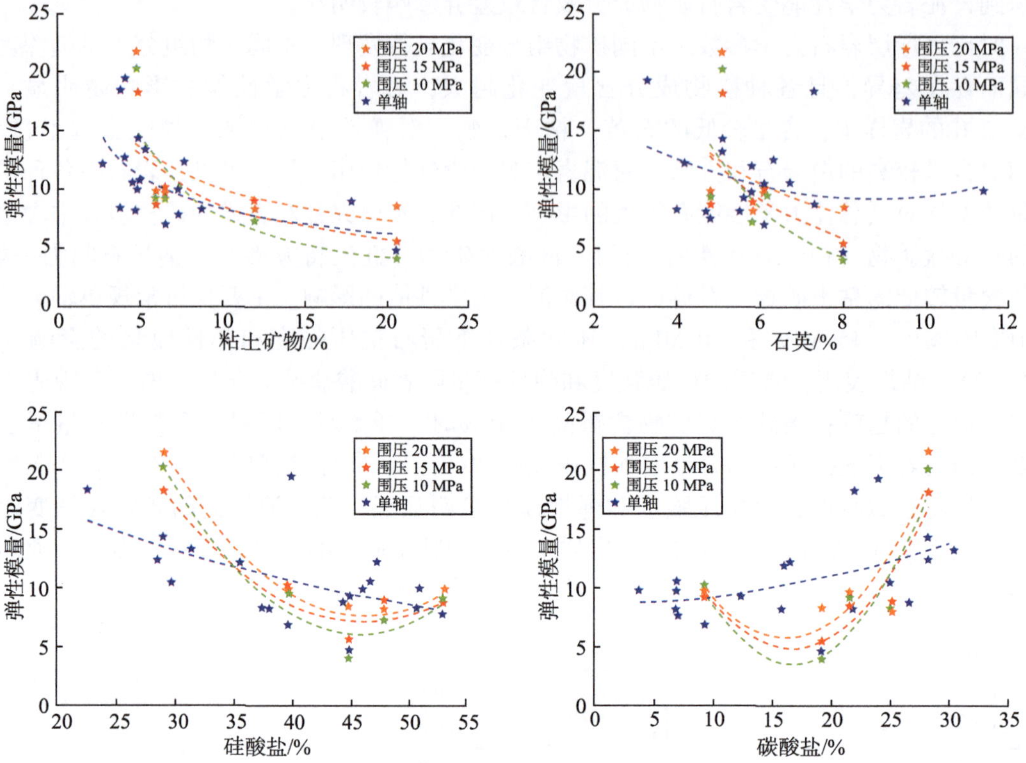

图 3.32　泥岩样品的主要矿物组分含量与弹性模量、抗压强度变化关系（续）

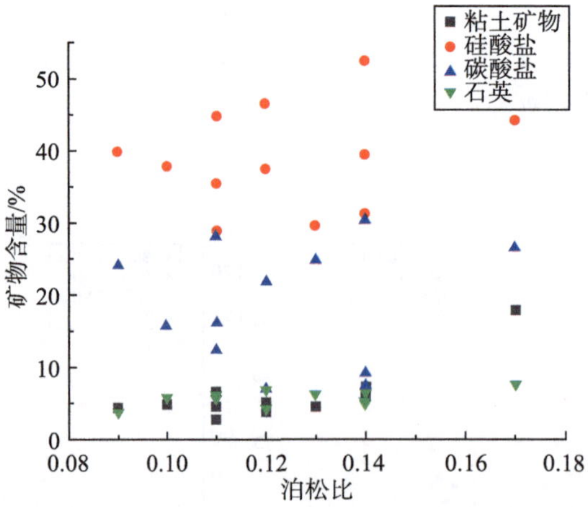

图 3.33　TZK-2 孔泥岩样品的主要矿物组分含量与泊松比关系

3.5 本章小结

本章结合 TZK-2 钻孔前期工作所得数据资料，通过相关试验和数据分析，对塔木素预选地段泥岩的物理力学性质、矿物学特性、岩石学特征等进行了初步探讨，结论如下：

（1）从垂向上分析预选地段巴音戈壁组上段目标层泥岩：整体为深灰色-灰白色，固结度好，泥质结构，偶有裂隙发育。TZK-2 孔岩芯垂向上大致呈现三层构造特征：纹层构造（埋深<320 m）、均匀块状构造（320～550 m）、杏仁状构造（550～800 m）等。有机质含量较高（部分岩样），碳酸盐矿物、黄铁矿或含碳有机质充填物可见于层理结构面。

（2）预选地段 TZK-2 钻孔泥岩矿物组分主要为方沸石、白云石和钠长石等，粘土矿物含量低于 10%。垂向上主要矿物组分方沸石与白云石随深度变化呈现明显的此消彼长两段变化特征：510 m 以上部分方沸石含量相对最高，变化范围为 16.60%～48.60%；510 m以下的矿物组成，以白云石和钠长石为主，平均含量约 43.12%。同时发现随埋深增加粘土矿物含量较为稳定，伊利石为主。

（3）预选地段泥岩含水率相对较低，密度总体呈现随埋深增加而变大的趋势，自由膨胀率随深度变化不明显。TZK-2 钻孔目标层泥岩平均含水率为 4.13%。总体表现为随埋深增加含水率递减的趋势，且岩层含水率下降速率随深度增加逐渐减小，但无明显线性关系。TZK-2 钻孔岩芯块体干密度总体分布于 1.94～2.34 g/cm^3之间，随埋深增加，递增规律明显。颗粒密度平均值为 2.66 g/cm^3，随深度变化无明显规律。轴向、径向自由膨胀率变化特征一致，且轴向自由膨胀率范围为 0.19%～0.26%，径向自由膨胀率变化范围为 0.05%～0.16%。比热容、热传导系数、热扩散系数的平均值分别为 1.75 $MJm^{-3}\cdot K^{-1}$、1.38 $Wm^{-1}\cdot K^{-1}$、0.79 mm^2/s。

（4）塔木素预选地段 TZK-2 泥岩样品的力学特性研究发现：弹性波波速在 360 m 与 470 m左右有波动，但整体随深度增加弹性波波速明显增加，纵波波速与横波波速有良好的相关性。抗拉强度随深度增加有指数增长的趋势，抗拉强度在 0.39～3.68 MPa 之间。埋深超过 475 m 后，抗拉强度急剧上升，均值为 2.07 MPa。单轴抗压强度、弹性模量在深度 390 m、510 m 处呈现台阶式上升，且随深度变化呈台阶式的正相关关系。泊松比分布于 0.09～0.18 之间，整体随深度增加呈台阶式的负相关关系。三轴压缩试验中，泥岩发生形变过程，轴向残余强度和破坏强度随着围压增加而增加。岩芯三轴抗压强度和弹性模量随着深度和围压的增加而递增，且呈台阶式正相关。泊松比无准确的变化关系呈现较离散状态。

（5）根据矿物组分与微观结构分析泥岩岩性特征对力学特性影响。孔隙度与抗拉强度、抗压强度、弹性模量相关性显著，且为负向贡献；含水率与弹性模量相关性显著，而与抗拉强度、抗压强度相关性较弱；含水率和孔隙度均与泊松比相关性较强，均为正向贡献。泥岩力学性质主要受岩石中矿物成分及其含量的差异影响。岩样的抗压强度和弹性模量随着方沸石、钠长石含量的增大呈现先下降后趋于平缓的趋势；但方沸石、钠长石含量高于 45%时，开始对抗压强度和弹性模量呈正向贡献。白云石含量增加抗压强度和弹性模量整体呈现上升的趋势，当白云石含量超过 20%时与抗压强度和弹性模量呈明显正相关；泊松比随矿物含量变化较离散，相关性不明显。

4 塔木素预选地段泥岩热—水—力三场耦合数值模拟分析

围岩（高放废物处置库）选取过程中，作为主要备选介质的粘土岩，在瑞士、法国和比利时等国已开展多项研究。由于粘土岩遇水膨胀、渗透性低和自愈性强等特点，在考虑核废物处理的天然屏障时作为一种合理的选择。20 世纪 90 年代以来，瑞士地下实验室的粘土岩层是瑞士、法国和德国等的重点研究对象[123-130]，其目是为了更加科学地研究粘土岩围岩材料在地化特性、渗透特性以及受热作用下的热—水—力耦合（THM coupling）等问题，我国张春良等在地下岩石实验室初步研究了岩体受热作用后的不同监测值[131]。粘土岩 THM 耦合过程也是法国 ANDRA 实验室研究核废物长期深地质处置可行性的重要课题之一。室内试验结果均表明，粘土岩物性参数的各向异性。本书以泥岩热传导、孔隙水和力学参数为前提，参照国内外耦合研究对塔木素泥岩 THM 耦合过程中引起的围岩岩体的温度、水饱和度和应力等变化规律进行模拟。

为研究塔木素泥岩在各向异性 THM 耦合作用下的物理力学响应，在现场试验成果基础上，采用数值模拟方法，研究不同温度条件下泥岩的耦合效应。分析工具采用 COMSOL Multiphysics，目前该软件已经在力学、地球科学、热传导、多孔介质等众多领域广泛应用且取得良好的模拟效果。

4.1 热—水—力耦合条件下高放废物处置库围岩（粘土岩）力学特性研究现状

处置库安全稳定的建造条件，是处置库场址选择的关键因素，而作为处于复杂环境中长期受耦合作用影响的处置库围岩，更是研究的核心所在。粘土岩一般指粘土矿物含量较高的沉积岩，国际上瑞士、比利时、法国等将粘土岩用于高放废物处置库建造，如 COx Clay、Opalinus Clay、Boom Clay 等。高放废物地质处置过程中，放射性核素衰变释放热会致使处置库围岩温度上升[132]，进而造成处置库围岩长期多场耦合效应，在复杂耦合条件下围岩的渗流和变形特征影响处置库长期安全[132]。

4.1.1 处置库围岩的安全要求

处置库围岩作为处置库的天然地质屏障，也是其有效阻滞核素迁移的远场关键组成。处置库系统的安全性能直接受到围岩选择的影响。因此处置库的围岩应满足[2]：围岩周围应具有稳定的区域构造环境；围岩的工程力学性质和稳定性佳；岩体构造中裂隙不发育或孔隙较小，渗透性极低，传热性能好；围岩的吸附性好，能有效阻滞核素；围岩还原能力良好，尤其对可变价元素（因核素在还原环境的迁移速率相对较慢）；岩石的容积足够大，可以满足处置库以及相关地下设施的建造需求。

花岗岩和粘土岩是当前处置库围岩的主要选择。花岗岩具备的优点如下：地质建造规模庞大，一般具有较低的渗透率；地下水的流速十分缓慢，也即需要很长的时间和路径才能进入生物圈；尽管存在一些规模较大的断裂或裂隙，但因围岩固有的压力或矿物填充，它在处置库建造的深度会自闭合；花岗岩围岩具备的持久地质稳定性，使其成为潜在的合适选择[9]。适用于处置库建造的花岗岩应满足：岩体广泛分布，体积规模庞大，质地均匀，因此建造处置库需要考虑足够的深度和容积；岩体的孔隙度较低或裂隙极少且渗透性极低；岩体中含水率极低；化学元素和同位素体系在岩体中几乎没有流失或在外部干扰情况下始终保持着封闭状态；机械强度巨大，对地下处置工程建设非常有利；热传导性能与热稳定性能非常好，一般的衰变热对其影响甚微；抗辐射性较强。高剂量辐射作用不会影响其基本性质；阻滞放射性核素性能佳。

一般粘土岩、泥岩、泥板岩、泥质页岩以及未充分成岩的塑性粘土等，为陆源细屑沉积岩，由粘土颗粒组成（粒径<0.003 9 mm）。可作为放射性废物处置的粘土岩应满足：粘土岩广泛分布，且岩层厚度足够大；渗透性极低，能有效隔离地下水；所含粘土矿物可有效吸附和阻滞放射性核素；可塑性较强，裂隙可自行闭合；地球化学封闭性能良好；深层岩石处于弱还原状态（黄铁矿、有机碳等含量较高）地下水运动几乎可忽略不计以及低渗透率导致核素可能仅以扩散形式迁移；高离子交换能力进一步减少核素向生物圈迁移的可能；场址适宜，核素迁移过程超过百万年（粘土层至含水层）；开放性断层因其可塑性极大地减少[133]。

4.1.2 THM 耦合条件下处置库围岩（粘土岩）力学特性研究

当前粘土岩 THM 的长期耦合特性备受关注，其长期 THM 耦合作用机制如图 4.1 显示。粘土岩因大量粘土矿物的存在其 THM 耦合作用下的长期力学性能研究变得极其复杂，因此研究粘土岩耦合条件下力学特性对处置库围岩的安全性能非常重要。

（1）长期 THM 耦合作用对粘土岩渗透性影响

在非等温条件下，有些学者研究了黏性土的迁移特性[134]、渗透系数变化[135]情况等。试验发现，温度不变时，粘土岩的干密度越高、渗透系数越低，但随着温度升高，其渗透系数呈线性上升。MC Clay 试验[136]发现，孔隙率不变时，温度升高渗透系数会增大。Boom Clay[137]试验发现不同饱和度影响渗透系数且会重塑。随温度升高，对低饱和度的 Boom Clay 渗透系数影响较小，但对饱和度较大的 Boom Clay，渗透系数会随升温而增大。此外研究 35~60 ℃时 Boom Clay 的渗透性变化试验[138]，显示温度越高其渗透系数越大。有学者开展稳态试验[139]，温度由 20 ℃升到 90 ℃时，Boom Clay 的渗透系数从 2.5×10^{-12} m/s增大到 6.2×10^{-12} m/s。也有学者研究了不同温度、不同流体、不同裂隙（人为）

作用下，Boom Clay 和 Opalinus Clay 渗透性[140]，结果显示温度升高 Boom Clay 的渗透系数有所增大，但渗透率却变化甚微。而裂隙类型与样品溶液成分的差异对试验结果影响显示，Oplinus Clay 的渗透系数与渗透率随温度升高呈现下降趋势，二者变化规律相似，但溶液试样成分的不同对试验结果影响不明显。

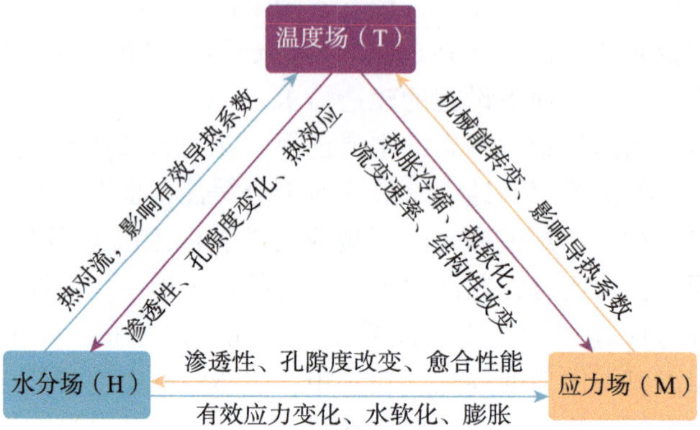

图 4.1　粘土岩 THM 长期耦合作用机制

在 THM 耦合作用下，粘土岩的渗透性研究基本是在室内开展试验，而现场试验甚少。陈卫忠团队从循环升降的温度与各向异性分析了 Boom Clay 的渗透特性，结果如图 4.2 所示[141]。结果显示渗透系数与温度升降变化趋势基本一致，这与 N. Sultan 等[138-140]研究结果非常类似。渗透系数在温度循环过程中，降温变化幅度较升温变化幅度要小，且渗透率变化随温度升降变化呈现反向关系。在垂直层理方向与平行层理方向渗透系数与渗透率存在明显差异，且表现为层理方向垂直变化低于平行方向变化。由此可见：Boom Clay 微观结构因温度升高而发生不完全可逆的变化，且渗透系数整体变大。围压的变化，会致使孔隙度发生变化。围压增大，孔隙度因压缩而逐渐变小，且微裂隙减少发生，进而渗透系数与渗透率下降。

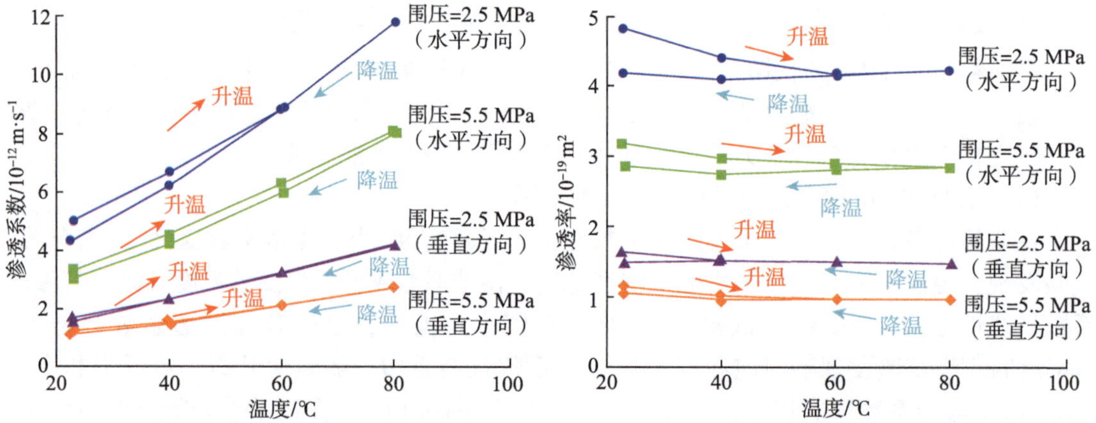

（a）渗透系数随围压温度的变化规律　（b）渗透率随围压温度的变化规律

图 4.2　不同围压和温度循环下 Boom Clay 的渗透特性[141]

（2）THM 长期耦合作用粘土岩力学特性

对 THM 耦合条件下粘土岩的长期力学特性国内外学者开展诸多试验研究。如在不排水条件下，Boom Clay 的蠕变试验[142]，主要表现为该条件下粘土岩的蠕变速率与温度变化呈一定的正相关，但对粘土岩骨架的黏度表现为负相关。此外，升温会加剧粘土岩的蠕变速率并导致其蠕变值降低。法国 Meuse/Haute-Marne 地下实验室的现场监测结果显示[143]（见图 4.3），孔隙水压力增减与温度升降变化规律较一致。比利时 HADES 地下实验室[144]，通过现场加热试验得出随时间变化，实测温度、孔隙水压力及应力变化情况。该实验室的 PRACLAY 巷道进行了两年多规模较大的加热试验[145-149]。图 4.4 显示了试验中，孔隙水压力和加热作用关系[147]，发现与温度变化存在滞后效应，即与热源距离越大变化越不明显，且这种滞后的程度随着距离的增加呈现出指级数递减趋势；随着温度的升高，孔隙压力增加。当热源处围岩达 80 ℃并持续时，孔隙水压力峰值点逐渐远离热源。

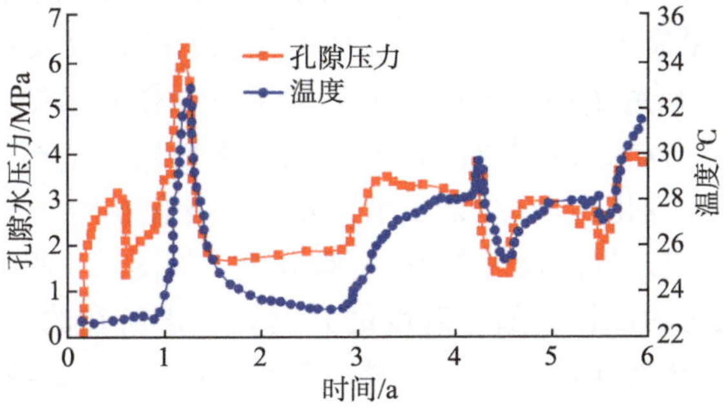

图 4.3　Meuse/Haute-Mame 实验室温度、水压检测结果[143]

整体而言，在不排水条件下，温度的变化可以改变粘土岩的孔隙度和流体的黏度，升温会弱化粘土岩微观结构。蠕变变形是孔隙度随时间的变化引起的变形。在排水作用下，温度升高不但会导致粘土岩骨架的流变变形，还可以引发其渗透系数增大，促进孔隙水压耗散，进而使蠕变速度加速。温度、围压和偏压的变化都对 Boom Clay 蠕变速率产生影响[148]。但目前关于 THM 耦合长期力学效应以及蠕变损伤的自愈性对粘土岩的影响，研究成果甚少。

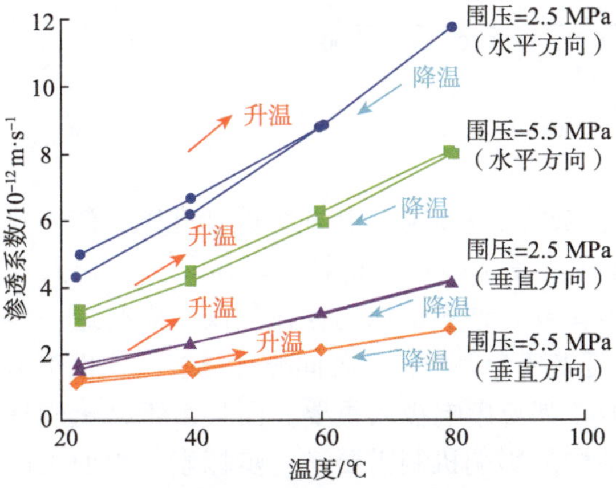

（a）渗透系数随围压温度的变化规律

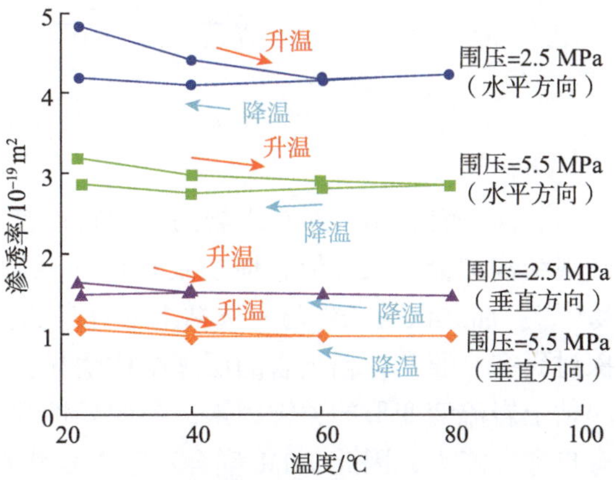

（b）渗透率随围压温度的变化规律

图 4.4　PG50D 的温度和孔隙水压力分布图[147]

4.1.3 粘土岩微观结构特性随温度变化规律

胶结物质在粘土内的胶结反应速率随温度升高而加快[149]。有的学者假设了粘土岩的微细观结构会随着温度的改变而发生变化[150]。还有研究表明，超固结粘土岩会因温度升高，微观结构产生不可逆转的改变[151-152]，主要研究孔隙结构（即矿物层、粘土颗粒及颗粒团块中的孔隙）受不同温度的影响。关于自由水和吸附水等温效应对低孔隙粘土的作用[153]，研究表明二者热膨胀系数变化不一致。即温度改变时，孔隙粘土体积发生非线性变形。热膨胀、热沉降变形会改变粘土岩刚度和强度，进而研究热硬化、热软化对粘土岩温度变化影响[154]。热硬化对普通固结粘土影响较大，超固结粘土中，温度升高对粘土颗粒微观结构影响较大，进而导致粘土岩强度下降，长期力学性能受到影响。

目前，常采用 CT 扫描、扫描电子显微镜（SEM）与核磁共振（NMR）等技术研究粘土岩的微观结构。R. Morin 和 A. J. Silval[155]利用 X 衍射试验，研究了温度对某种海相粘土岩矿物成分影响。结果显示 20~220 ℃升温中，粘土岩矿物组成几乎无变化。在冻融循环条件下，通过 CT 技术研究了粘土岩中水的运动情形及微观裂隙变化[156]。泥岩遇水软化实验中运用 NMR 技术分析了微裂纹的快速扩张、聚集以及贯通等现象[157]以及泥岩在熔融条件下孔隙随时间的变化[158]。结果显示，随时间变化孔隙率递增，但在 0 ℃左右试验曲线存在转折。Boom Clay 样品通过 NMR 实验分析，如图 4.5 所示，发现不同的温度条件下，始终处于饱和状态的试样，随着温度的升高孔隙水所在的孔隙结构（内部）半径增大[159]。也有学者从纳米级角度研究粘土岩，重点研究其粘土矿物的微观结构[160-161]。

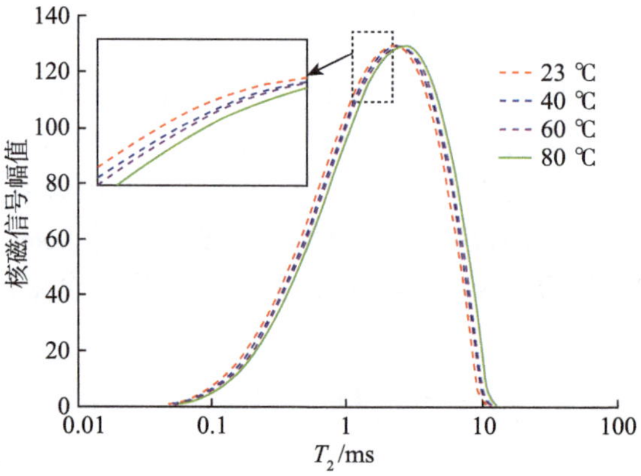

图 4.5 Boom Clay 饱和样孔隙水 T_2时间分布[159]

总体来看，温度对粘土岩的力学特性存在复杂的多因素耦合影响。改变孔隙、流体及微观结构均会导致变形、损伤及热传导系数变化。复杂因素使得粘土岩研究工作极其不易[148]。加之试验条件与所选粘土岩自身的显著差异，许多认识仍存在争议，需要进一步探讨研究。通常，粘土岩的层理结构明显，主要表现为力学特性各向异性显著，这也是引起粘土岩流变变形的关键因素。各向异性受 THM 耦合影响极其重要。而且由于粘土岩具有自愈合能力，因此 THM 耦合对粘土岩微观结构的影响机制需要进一步探索。当前长期 THM 耦合力学试验一般都在室内开展，其研究结果与现场实际特性存在差异。因此，符合实际建造条件的粘土岩 THM 耦合模型是将来的热点问题。

4.2 基本模型的建立

COMSOL Multiphysics 模拟多物理场时，其数值建模过程一般为：确定研究模型，然后选取适当的偏微分方程组；建立或输入预先设定的几何模型；选取材料并依据具体条件设置材料属性；确定偏微分方程相应的物理参数；边界条件与初始条件；提出网格划分几何建模方法；选择适当的求解器计算求解；可视化处理结果；输出数据。

4.2.1 基本假定

构建粘土岩多孔介质 THM 耦合数学模型，提出假设如下：

(1) 假定围岩受到缓冲材料与废物罐的 THM 等因素共同作用。在界面连接处（即接缝）产生微小的膨胀-挤压变形。未考虑开挖损伤带的影响。假设粘土岩介质处于饱和与非饱和两种状态下，力学响应符合小变形条件。

(2) 气液两相中的流体都含有两种组分，即水与干燥的空气。其中，所述的液相又由两种组分组成：液态水与液态水中溶解的干空气；气相可以看作是理想的气体，它的两种组成成分为水蒸气和干空气。在平均化思想的连续介质理论中，将两种成分看作是充分混合且占用同一空间的两种成分。气相、液相的流动服从广义 Darcy 定律。

(3) 符合固-液-气三相在局部保持热平衡状态下的假设。即，无论在空间中任何位置，固-液-气三都能够保持能量守恒，而且只有在相变时才进行两相间的热交换。

4.2.2 孔隙介质材料

在用户设定材料时，可依据 COMSOL 所提供的材料库自动选择材料的属性，并将相关数据下载到材料库。另外，用户还可自定义材料属性。避免多物理场间的重复操作，可直接设定对应材料的作用目标对象，从而使各个物理场中的材料属性得到统一的定义。模拟粘土岩围岩 THM 耦合作用本质就是多孔介质 THM 耦合控制方程组求解。本书对采用相关材料自定义方式定义粘土岩孔隙介质材料的相关属性。因为其内在的耦合机制比较复杂，所以这类问题的偏微分方程组需要系统描述。由于其非线性的特点非常明显，传统的间接耦合方法很难精确地解决。本书利用 COMSOL 具备的优势，直接进行 THM 耦合求解。

4.2.3 几何模型

COMSOL 的用户可以在软件界面上便捷的建立相关图形，并进行系列计算，进而完成二维模型与三维模型的自由转换。此外，用户还可用参数化建模进行几何图形建模。基于此，本书以预选地段泥岩深层稳定地质介质为研究对象，具体以埋深 800 m 钻孔建立预选地段深层地质处置模型。在已有资料基础上，参照法国、瑞典以及国内研究[162-166]的处置库设计模型，建立垂直处置的单孔处置钻孔与处置巷道间的三维几何对称性模型。

4.2.4 网格划分

COMSOL 提供了一系列具有实际应用价值的网格剖分工具，如映射网格、自由网格等。该剖分工具可自动剖分几何模型为不同维度的网格。同时，用户只需简单操作就可以自动切分。此外，每类网格自动剖分过程中，可根据设定等级选择不同精度网格。用户可一键自动剖分得到所需的统一网格，或制定不同级别，自动得到差异化的网格[167]。除自动生成网格外，还可以通过手动设置不同级别的参数定制的网格，包括点线面体等的网格尺寸或网格点分布等参数设定。

本书对处置钻孔及巷道利用四面体单元进行网格剖分，建立了网格单元为四面体的三维对称模型，处置钻孔和巷道部位进行极细化处理。在网格剖分过程中，为了模拟过程收敛，进行无关性检验。网格单元最终划出约 36 万，平均网格质量达 0. 67。图 4. 6 为具体网格分布与几何模型。

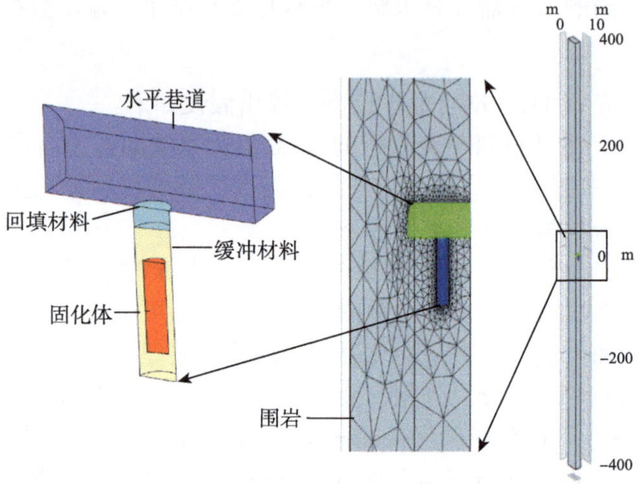

图 4. 6　粘土岩处置库几何对称模型及网格划分

4. 3　多孔介质数学模型及定解条件

泥岩作为一种典型的多孔介质，基于连续介质理论、混合介质理论及广义守恒定律，建立了适合多孔介质泥岩的 THM 耦合数学模型。在此基础上，选取合适大小的表征体单元，从空间上将多孔介质的多相多组分物性参数进行连续化和平均化处理。基于混合介质物理论，从动量、质量以及能量守恒角度出发，综合考虑应力-应变、孔隙度演化、水体渗流等过程，建立多场耦合模型以研究多场耦合作用。通过对该过程的研究，可以实现对不同物理过程（如相变、溶蚀、温度驱动、湿度迁移以及缓冲回填材料的湿胀等）的多因素耦合，从而进行数值模拟分析泥岩作为处置库围岩所受耦合作用的影响。

4. 3. 1　数学模型建立

（1）围岩孔隙介质热力学基本模型

泥岩材料存在一定的孔隙，在模拟分析时选取多孔介质作为仿真对象。由于固液两相的导热系数存在差异，在多孔介质内的热量传递方式主要包括固相导热、固液两相对流换及热辐射，但在多孔介质中，还需要考虑其传热形式之间热导率的差异。多耦合模拟场中，常利用材料孔隙度，推导有效热传导系数，并求得整个传热过程。因此 COMSOL Multiphysics 耦合分析，由以下平衡方程实现。

建立三维热传导分析模型（根据能量守恒定律推导方程）：

$$(\rho C_p)_{\mathrm{eff}}\frac{\partial T}{\partial t}+\rho C_p\vec{U}\cdot\nabla T+\nabla\cdot\vec{q}=Q+Q_p+Q_{vd} \tag{4.1}$$

$$(\rho C_p)_{\mathrm{eff}}=\theta_p\rho_p C\rho+(1-\theta_p)\rho C \tag{4.2}$$

$$k_{\mathrm{eff}}=\theta_p k_p+(1-\theta_p)k \tag{4.3}$$

式中：$(\rho C_p)_{\mathrm{eff}}$——有效比热容；

C_p——固相比热容系数；

k_{eff}——有效热传导系数；

θ_p——孔隙度；

C——液相比热容系数；

k_p——固相热传导系数；

k——液相热传导系数。

（2）围岩水力学基本模型

高放废物处置库围岩（泥岩）内，假定流体在固定体积，流入和流出的体积是相同的，因此建立流体在孔隙介质中的质量守恒定律：

$$\frac{\partial(\rho_f\varphi)}{\partial t}+\nabla\cdot(\rho_f u)=0 \tag{4.4}$$

式中：ρ_f——流体密度，kg/m^3；

φ——岩体孔隙度，%；

μ——动力黏度系数（流体），N·s/m^2；

t——时间。

Darcy 达西定律来描述饱和围岩（泥岩）的渗流状态：

$$u=-\frac{k}{\mu}\nabla p \tag{4.5}$$

式中：k——泥岩渗透率，m^2；

u——渗透流速，m/s；

μ——动力黏度系数（流体），N·s/m^2；

p——孔隙水压力增量，MPa。

基于质量守恒和达西定律，导出适合描述非饱和多孔介质流的 *Richards* 方程：

$$Q_m=\rho\left(\frac{C_m}{\rho g}+S_eS\right)\frac{\partial p}{\partial t}+\nabla\cdot\rho\left[-\frac{k_s}{\eta}k_r(\nabla p+\rho g\nabla D\right] \tag{4.6}$$

式中：ρ——流体密度；

g——重力加速度；

C_m——容水度；

p——压力；

S_e——饱和度；

S——储水系数；

Q_m——液体源项；

η——流体黏度；

k_s——饱和渗透率；

k_r——相对渗透率；

D——位置水头。

（3）围岩力学基本模型

泥岩作为处置库围岩所受应力的主要来源是：由于固化体释热后升温而引起缓冲材料和围岩的体积膨胀从而产生应力；另外是围岩吸水过程中，从非饱和状态到饱和状态，其体积膨胀所引起的应力。热膨胀应力与膨胀应力（吸水饱和后）用下式表示：

$$\varepsilon_{th} = a(T - T_{ref}) \tag{4.7}$$

$$\varepsilon_{hs} = \beta_h(C_{m0} - C_{m0,\ ref}) \tag{4.8}$$

式中：a——热膨胀系数；

β_h——膨胀系数（吸水饱和）；

T_{ref}——初始温度；

$C_{m0,ref}$——初始水含量。

4.3.2 模型边界条件及参数确定

边界条件设置如下：

（1）高放废物的固化体（含包装容器）的释热率按如下公式表示：

$$\mathrm{P}(t) = P_0[c_1\exp(0.02t) + c_2\exp(0.002t) + c_3\exp(0.000\,2t)] \tag{4.9}$$

式中，$c_1 = 0.769$；$c_2 = 0.16$；$c_3 = 0.067$；t 为时间。

（2）围岩水头压力大约 500 m，即设定水压边界在巷道左侧为 5 MPa。

（3）模型对称，其设定的轴线确定方向自由度设置，力学固定条件根据具体的情况限制约束其他的接触边界。

（4）有关研究表明围岩温度和深度存在近似线性关系。地下岩体温度一般随深度增加会逐渐上升。设在此处置库初始时刻温度 20 ℃，饱和度 73%。

（5）处置库在水-热-力耦合模拟过程中各介质的基本参数[168-170]如表 4.1 所示，其中热源主温度梯度大约为 0.022 ℃/m，主要来自玻璃固化体，在此假设工程屏障中采用膨润土作为缓冲材料，其他相关包装材料等不做考虑，也不考虑地热的影响。

表 4.1 预选地段高放废物处置库 THM 耦合模拟介质基本参数

介质	相关参数					
玻璃固化体	密度/$g\cdot cm^{-3}$	体积模量/GPa	剪切模量/GPa	热传导系数/$W\cdot(m\cdot K)^{-1}$	比热容/$J\cdot(kg\cdot K)^{-1}$	线性膨胀系数/℃$^{-1}$
	2.8	146	83.3	48	460	1.00×10^{-5}
缓冲材料膨润土	密度/$g\cdot cm^{-3}$	孔隙度	饱和渗透率/m^2	热传导系数/$W\cdot(m\cdot K)^{-1}$	比热容/$J\cdot(kg\cdot K)^{-1}$	热膨胀系数
	1.82	0.44	1.00×10^{-13}	2.3	200	1.00×10^{-5}
	泊松比	吸水膨胀系数	体积模量/MPa			
	0.35	0.02	2.17			

续表

介质	相关参数					
塔木素泥岩	密度/ $kg·m^{-3}$	孔隙度/ %	饱和渗透率/ m^2	热传导系数/ $W·(m·K)^{-1}$	比热容/ $J·(kg·K)^{-1}$	线性膨胀系数/ $(\times10^{-5}℃^{-1})$
	2669	0.14	1.00×10^{-20}	1.38	694.19	2.4
	内聚力/MPa	内摩擦角/ (°)	抗拉强度/ MPa	单轴抗压强度/ MPa	体积模量/ MPa	泊松比
	1.52	42	10	58.25	4.89	0.25

4.4 THM耦合数值模拟及结果分析

为模拟高放废物泥岩处置库未来的运行情况，本书在不同位置监测点，分别观测其温度、水饱和度、应力以及位移的数值变化。在此以玻璃固化体中心位置为处置库三维模型的中心点共设置23个监测点。首先从玻璃固化体边缘向围岩方向水平延伸，设置一组水平监测点5个；其次在玻璃固化体周围的缓冲材料膨润土中设置一组垂直监测点5个（其中一点为水平和垂直方向交汇点）；最后，从玻璃固化体的中心位置向围岩两端垂直方向延伸，设置一组垂向监测点13个，且各监测点的间距不同。具体设置点如表4.2和图4.7所示。

表4.2　处置库关键位置监测点坐标

监测点	坐标			监测点	坐标		
	X	*Y*	*Z*		*X*	*Y*	*Z*
1	0.525	0	-4.417	13	1	1	20
2	0.7	0	-4.417	14	1	1	50
3	0.875	0	-4.417	15	1	1	100
4	1.875	0	-4.417	16	1	1	200
5	3.875	0	-4.417	17	1	1	300
6	3.875	0	-4.417	18	1	1	-10
7	0.7	0	-2.417	19	1	1	-20
8	0.7	0	-3.417	20	1	1	-50
9	0.7	0	-5.417	21	1	1	-100
10	0.7	0	-6.417	22	1	1	-200
11	1	1	5	23	1	1	-300
12	1	1	10				

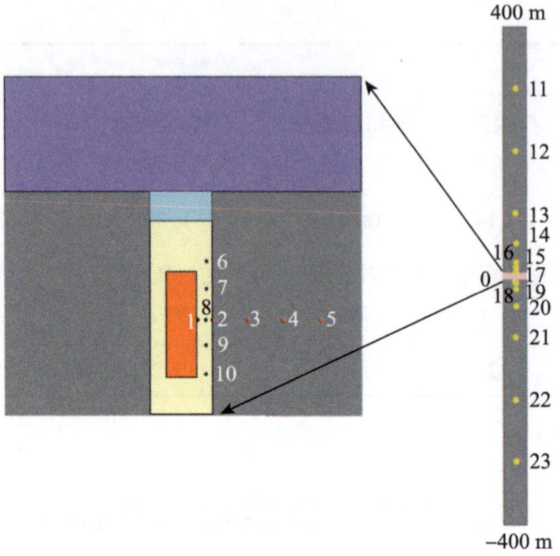

图 4.7　处置库关键位置监测点示意图

4.4.1　温度模拟结果变化规律

根据图 4.8 中各监测点模拟温度数值变化结果可知：随着时间推移，各介质材料的温度变化趋势不完全一致。玻璃固化体在初始时刻释热不明显，所以处置库各监测点温度基本为初始设置温度状态。从第 10a 左右开始，玻璃固化体迅速释热并致使各个监测点温度升高，且上升非常迅速。在 50a 左右时，基本上都已达到峰值。此后，每个监测点上，随着释热中心释放热量的减少，温度均逐渐下降，并且约在 100a 时趋于稳定。由水平监测点值可知（见图 4.8a），距固化体越近的围岩区域，其温度上升的速度越快。因此，在固化体附近的围岩，相对于较远的围岩区域其温度更高。通过对固化体附近和围岩垂直方向上竖直监测点的模拟数值可以发现（见图 4.8b、图 4.8c），在靠近巷道的区域，温度变化相对较小，耦合数值模拟条件下，显示水饱和度对围岩的热传导性产生影响。饱和度较高情况下，导热性能较好，表现出巷道附近区域热传导更快，从而温度升高也较快。

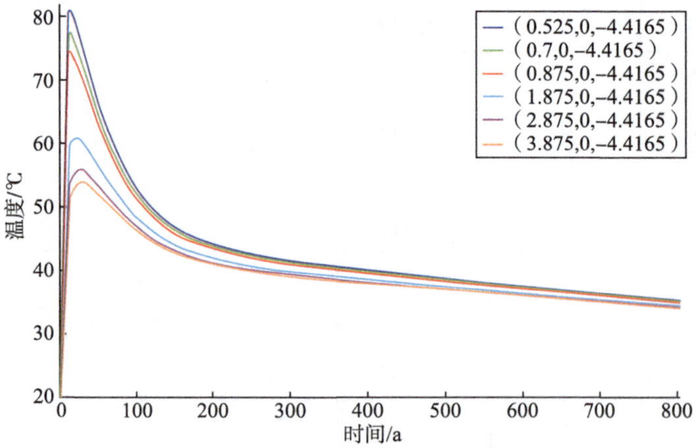

（a）固化体周围水平监测点温度随时间变化

图 4.8　高放废物处置库各监测点温度随时间变化

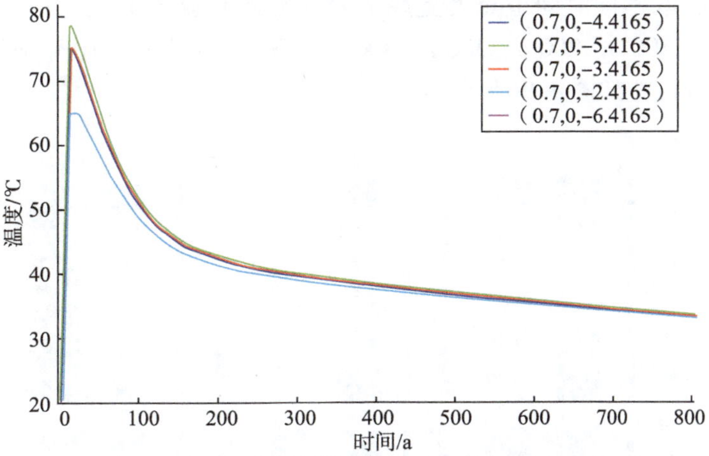

（b）固化体周围缓冲材料膨润土垂向监测点温度随时间变化

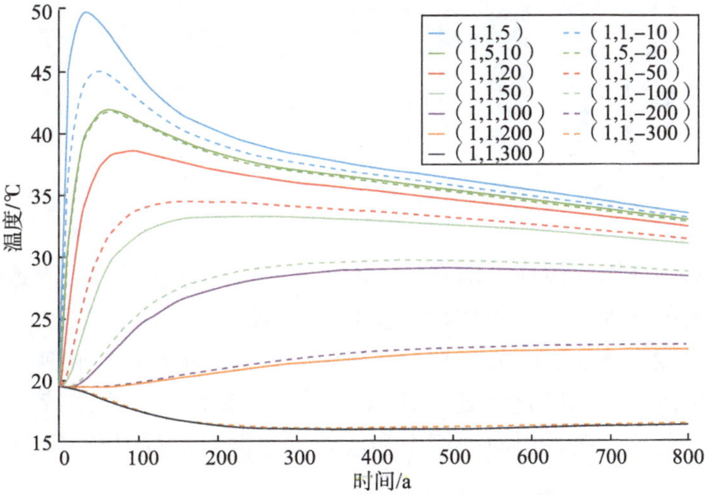

（c）围岩垂向监测点温度随时间变化曲线

图 4.8　高放废物处置库各监测点温度随时间变化（续）

当前以国际上处置库设计和研发经验为依据，一般设定固化体周边温度限值小于 100 ℃。模拟结果表明，释热中心的温度在 10 a 左右达峰值约 81.90 ℃，固化体与缓冲材料膨润土交界位置温度最大值为 77.83 ℃，缓冲材料膨润土与围岩交界位置的最高温度达 74.82 ℃。到 10~50 a 左右释热中心温度下降较快，降到 65.80 ℃；而后在 50~100 a，释热中心温度开始缓慢降低，200 a 左右释热中心温度降至约 44.10 ℃并基本趋于稳定，到 800 a 时释热中心温度为 35.10 ℃，且其他监测点温度接近该温度。垂直方向距离中心点距离最近区域：最开始 10 a 的温度最高达到 77.90 ℃，之后 10~30 a 左右降温速度较快，从 300 a 开始，温度下降到 40 ℃左右，并且达到一个相对稳定的状态。围岩的各监测点显示，与释热中心距离越远的监测点，其温度变化幅度越不明显，而到 300 m 左右的位置受释热中心温度的影响很小。该模拟结果符合国际上将废物体表面温度设置不超过 100 ℃的热力学标准要求。

塔木素泥岩作为处置库围岩的初始温度设为 20 ℃，模拟温度变化对围岩（泥岩）耦合作用的影响，获取不同时间节点处置库围岩（泥岩）温度的变化情况，并选取 10 a、20 a、30 a、50 a、100 a、200 a、300 a、400 a、500 a、800 a 这 10 个时间节点的温度变化分布云图比较分析，如图 4.9 所示。

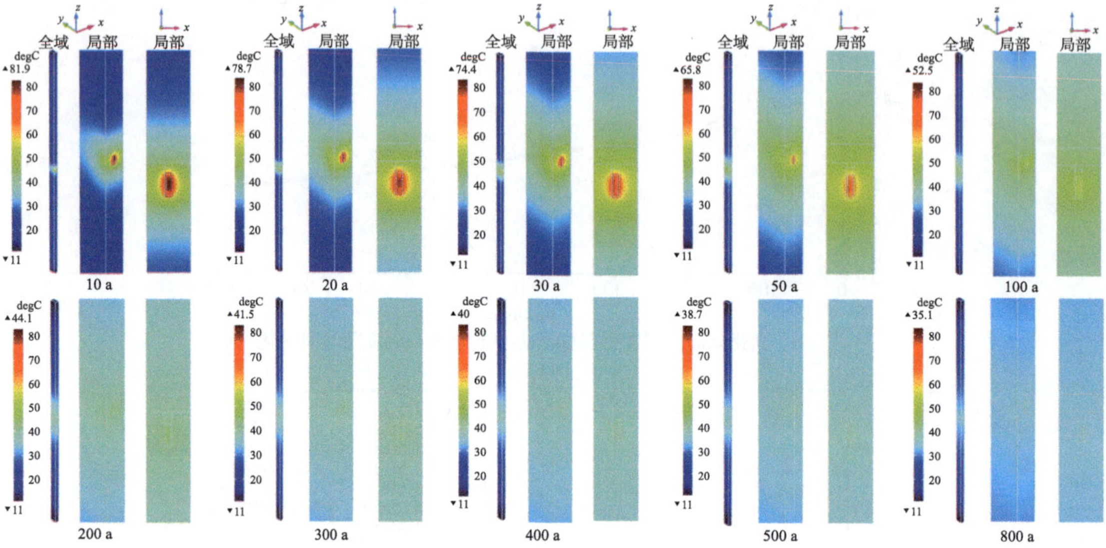

图 4.9　模拟运行期间处置库不同时间节点温度分布图

由图 4.9 可知：将固化体埋于硐室中，由于其释放热量使得围岩附近出现调热圈，随着与释热中心距离的增加，温度由内向外呈梯度递减；固化体处置第 1～10 a，释热中心温度急剧升高，温度高达 81.90 ℃，靠近释热中心的围岩壁温度也快速升温，温度变化逐渐扩张到巷道周围围岩；当固化体处置到 20 a 时，随着释热中心继续衰变释热，但释热温度开始下降，固化体、缓冲材料膨润土和巷道周边围岩因受其作用，温度先达到峰值，也开始逐渐回落。

由图 4.9 处置库温度不同时间节点的变化云图可知：塔木素泥岩作为处置库围岩的关键位置，其温度的变化趋势与之前分析结果一致，固化体中心、固化体与缓冲材料膨润土交界位置的温度梯度较小；因释热中心不断释热，固化体中心、固化体与缓冲材料膨润土交界位置以及缓冲材料膨润土与围岩交界位置，均呈现温度先迅速上升，且温度最高值出现在第 10 a 左右。随着固化体处置时间的增加，释热中心的温度开始逐渐回落。塔木素泥岩作为处置库围岩的各监测点随着时间的推移以及与中心距离的递增，在模拟时间内温度变化范围从 50 ℃降到 20 ℃，基本接近围岩（泥岩）的初始温度。

4.4.2　饱水过程模拟结果变化规律

在水饱和模拟过程中，设置水的流向是从左向右流动，具体以模型左右边界为界。图 4.10a 显示，水饱和度随着时间推移在玻璃固化体水平方向各监测点的数值变化情况。模拟显示水饱和过程的顺序大致为：巷道左侧—钻孔顶部—巷道右侧—钻孔底部。根据水饱和模拟变化曲线可知：运行 50 a 左右，缓冲材料膨润土的饱和度有小幅度变化，且饱和度在距离处置巷道最近点变化明显。当运行至 800 a 时，越靠近巷道的缓冲材料膨润土，饱和度上升越快。在本模拟时间范围内，缓冲材料膨润土未完全饱和。图 4.10b、图

4.10c 显示垂向上处置库围岩（泥岩）的饱和度在 50 a 也开始逐渐升高，但是随着围岩与巷道距离的增加，饱和度上升速度逐渐变缓。距离中心位置最近的围岩（泥岩）饱和度最高达 78.41%。当围岩（泥岩）距离中心位置大于 50 m 时，围岩的饱和度上升非常平缓，到 800 a 时，饱和度只有 73.94%，未完全饱和。

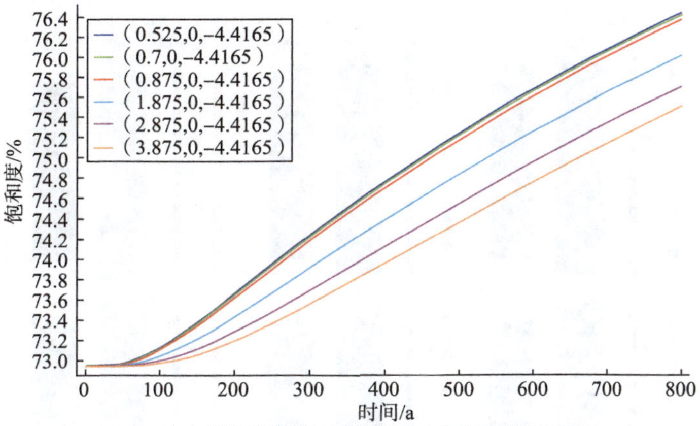

（a）固化体周围水平监测点水饱和度随时间变化

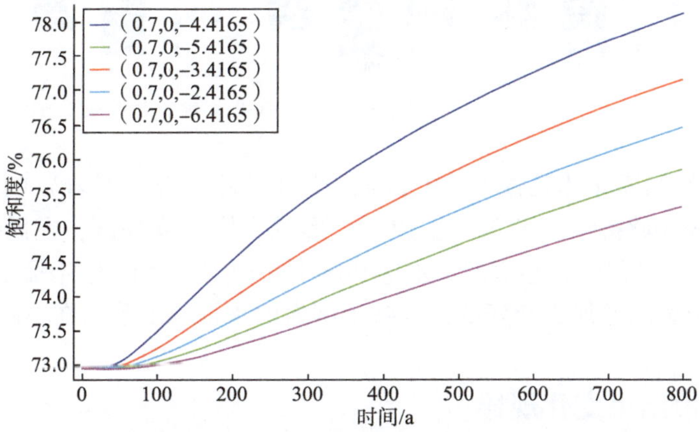

（b）固化体周围缓冲材料膨润土垂向监测点水饱和度随时间变化

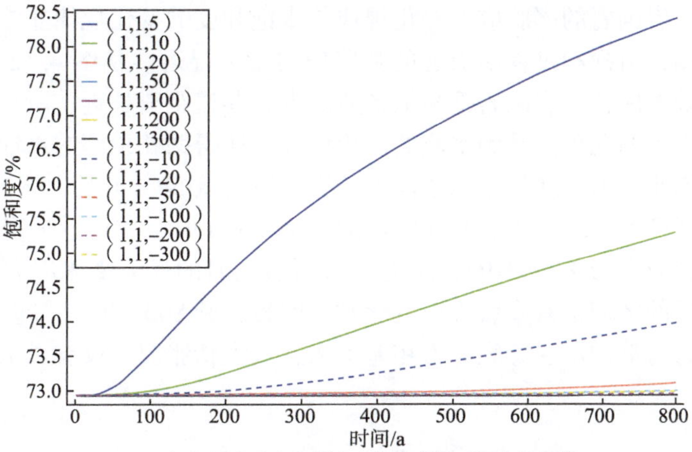

（c）围岩垂向监测点水饱和度随时间变化曲线

图 4.10　高放废物处置库各监测点水饱和度随时间变化情况

处置库围岩（泥岩）因地下水的存在和温度的动态变化，引起泥岩孔隙水压力改变，进而致使水饱和度改变。通过模拟饱和水变化，获取不同时间节点围岩（泥岩）水饱和度的变化情况。分别选取 10 a、20 a、30 a、50 a、100 a、200 a、300 a、400 a、500 a、800 a 这 10 个时间节点的水饱和度分布云图比较分析，见图 4.11。

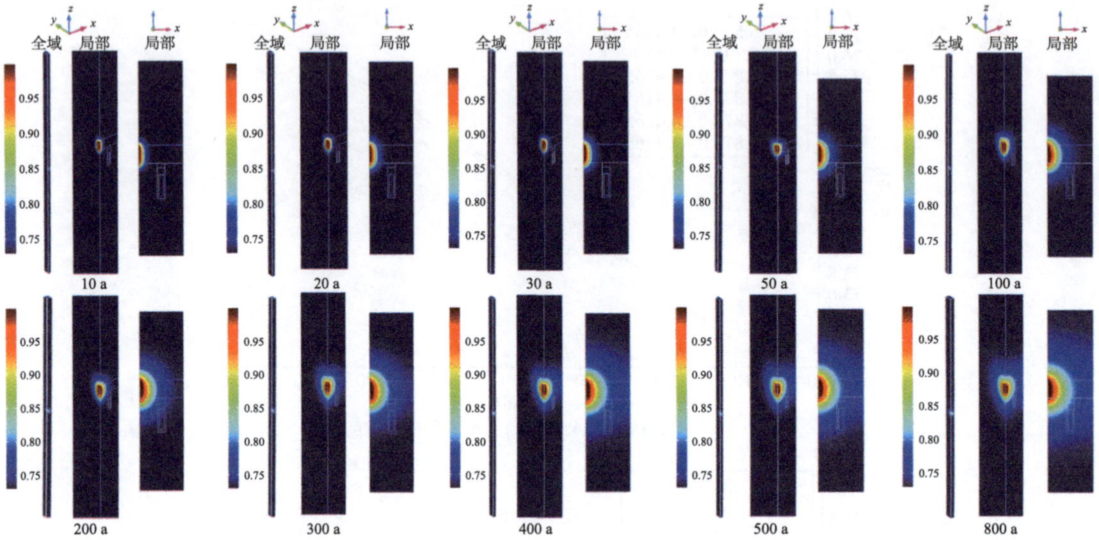

图 4.11　模拟运行期间处置库不同时间节点水饱和度分布图

由图 4.11 可知当固化体处置 1～50 a 间，巷道附近围岩（泥岩）的水饱和度呈向外扩展趋势，其扩展区域持续延伸至模型边界，形成水饱和度梯度；在固化体处置时间由 50 a 推移到 800 a 的过程中，巷道围岩水饱和度不断增大，且粘土岩围岩不同位置处的水饱和度随与巷道距离的增加逐渐降低，但整个围岩的水饱和度范围在不断地扩大，且均未达到完全饱和。

4.4.3　应力模拟结果变化规律

图 4.12 为随时间的变化处置库固化体周围及围岩垂向各监测点膨胀应力变化情况。如图中所示，粘土岩围岩的膨胀应力变化规律与水饱和度的变化规律非常相似，表明在处置库的左侧和右侧，由饱和过程中引起的膨胀应力十分显著。从图 4.12 可以看出，固化体周围监测点及处置库粘土岩围岩垂向上各监测点离巷道距离越近，所承受的膨胀应力也越大。这可能是由于钻孔顶部受到水流的作用较强，使得钻孔顶部的水饱和度较高，从而导致产生较大的膨胀应力。在该模拟条件下，膨胀应力从 50 a 开始，迅速增大，到 200 a 膨胀应力增加速度开始变缓。随着时间的增加，到 800 a 时，靠近巷道附近位置的缓冲材料膨润土最大膨胀应力为 2.44 MPa，靠近巷道周边围岩的最大膨胀应力为2.46 MPa。且发现距离巷道越远的区域，其膨胀应力变化越不明显，到 800 a 时，与巷道距离大于 50 m 的区域其膨胀应力与最初所受膨胀应力相差不大，最大膨胀应力仅有 2.12 MPa。

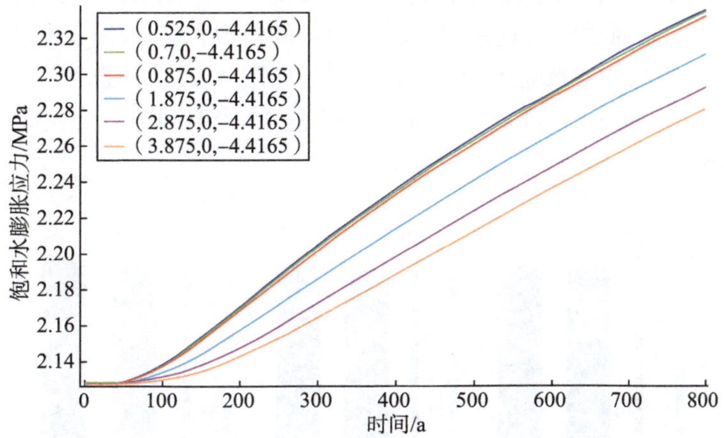

（a）固化体周围水平监测点饱和水膨胀应力随时间变化

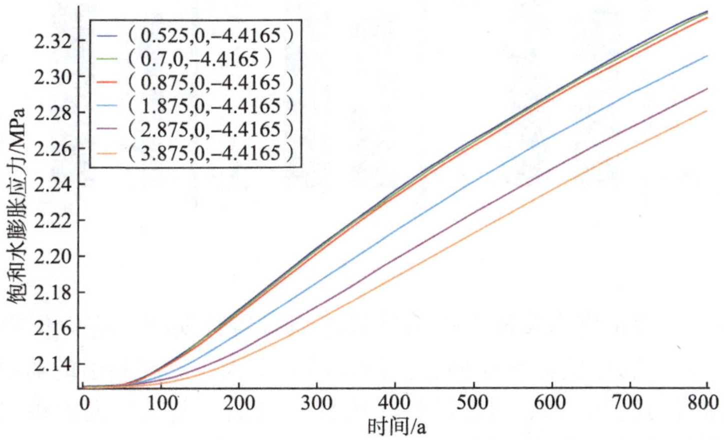

（b）固化体周围缓冲材料膨润土垂向监测点饱和水膨胀应力随时间变化

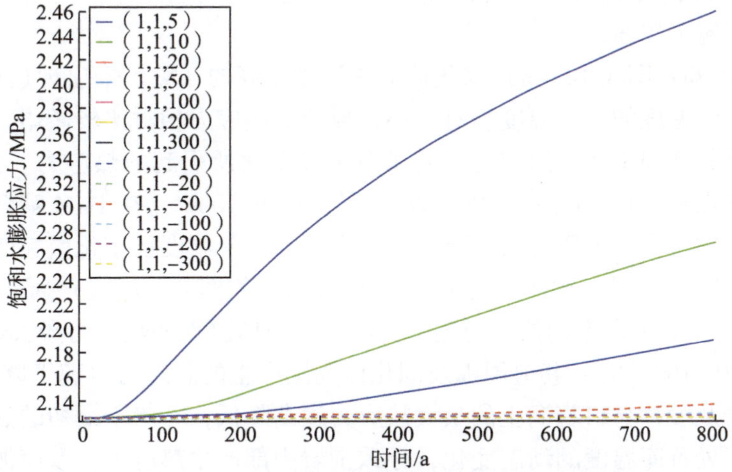

（c）围岩垂向监测点饱和水膨胀应力随时间变化

图 4.12　高放废物处置库各监测点膨胀应力随时间变化情况

塔木素泥岩处置库中，由于围岩水饱和度的改变，导致围岩发生膨胀，进而引起泥岩内部有效应力的改变。通过对处置库运行时应力场的模拟，获取不同时间节点处置库膨胀应力的分布状态，其饱和水膨胀应力分布云图，见图 4.13，并选取 10 a、20 a、30 a、50 a、100 a、200 a、300 a、400 a、500 a、800 a 这 10 个时间节点处置库的膨胀应力分布云图进行比较分析。

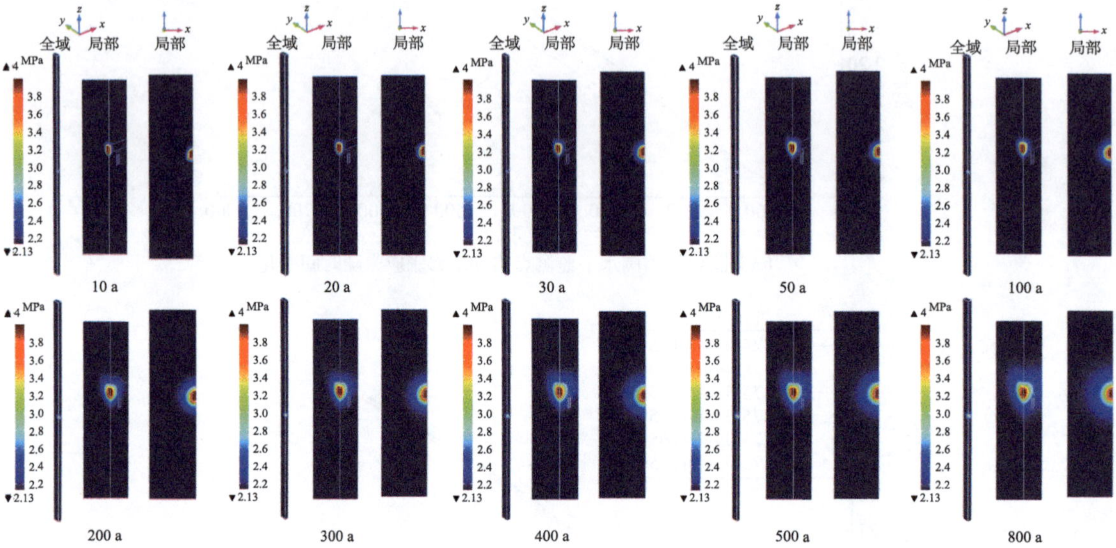

图 4.13　不同时间节点饱和水膨胀应力分布云图

由图 4.13 可知，模拟塔木素泥岩作为处置库围岩运行期间，应力集中区出现于巷道的顶部和底部，且最大膨胀应力在模型左侧的顶端处最大，远离巷道的监测点最大膨胀应力逐渐减小。膨胀应力在 0~50 a 缓慢增长，从 50 a 开始，增长幅度大幅提升。结合水饱和度增长趋势变化发现，随着水饱和度的增加，膨胀应力在围岩中变化趋势与其基本一致。而且到 800 a 时，膨胀应力还在继续上升，但是随着与巷道距离的增加，膨胀应力逐渐变小而且作用越来越弱。

由图 4.14 可知：图 4.14（a）固化体周围温度较高的区域，未出现热应力显著集中。此现象主要可能因温度的波动幅度相对较小，导致的热应力相对比较微弱。在处置库运行过程中，缓冲材料膨润土受到的应力主要来自温度变化所引起的热应力。如图 4.14（b）所示，关键监测点在运行 10 a 左右热应力达到最大 950 N/m^2。在 THM 耦合作用下，处置库粘土岩围岩也发生了应力重分布。除膨胀应力外，由于温度场变化引起的热应力集中区出现在固化体周围，但围岩的热应力效果不是很明显如图 4.14（c）所示。处置库运行 0~10 a 时，固化体周围产生的热应力逐渐升高，所设监测点的热应力最大约 2 300 N/m^2；当处置库运行 10~100 a 时，巷道周围及固化体周围产生的热应力迅速下降，到 800 a 时，远离巷道的围岩及缓冲材料膨润土的最大热应力逐渐降低，并趋于最初的热应力状态。

塔木素泥岩处置库温度的动态变化，导致围岩内部产生热应力，致使泥岩温度改变且内部热应力改变。获取不同时间节点处置库热应力分布云图，见图 4.15，选 10 a、20 a、30 a、50 a、100 a、200 a、300 a、400 a、500 a、800 a 这 10 个时间节点处置库的热应力场分布云图比较分析。

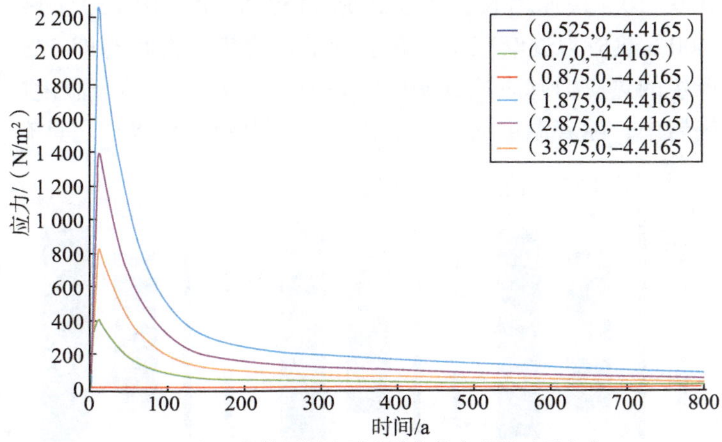

（a）固化体周围水平监测点热应力随时间变化

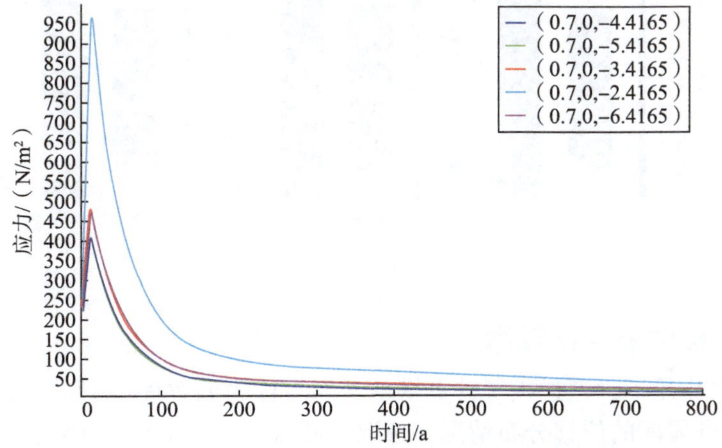

（b）固化体周围缓冲材料膨润土垂向监测点热应力随时

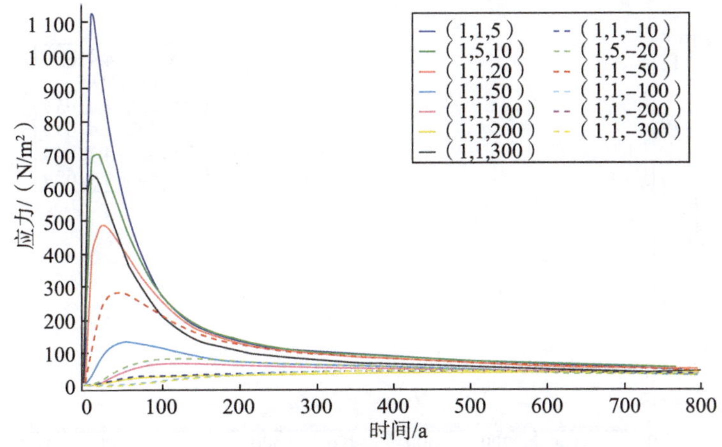

（c）围岩垂向监测点热应力随时间变化

图 4. 14　高放废物处置库各监测点热应力随时间变化情况

由图 4. 15 可知，塔木素泥岩处置库运行期间，固化体周围出现了热应力集中区，其最大热应力在距离固化体中心最近区域，而巷道周围的监测点热应力作用不明显。固化体周围围岩热应力在 0~10 a 快速增长，迅速达到 7150 N/m²，10~50 a 热应力迅速下降到 3440 N/m²；50~400 a 热应力逐渐减小，并接近于初始热应力状态即 528 N/m²；到 800 a 时，受温度影响产生的热应力基本达到初始状态为 289 N/m²。结合温度的变化趋势发现，在固化体周围的围岩中，随着温度的动态变化，热应力变化趋势与之具有一定相关性。

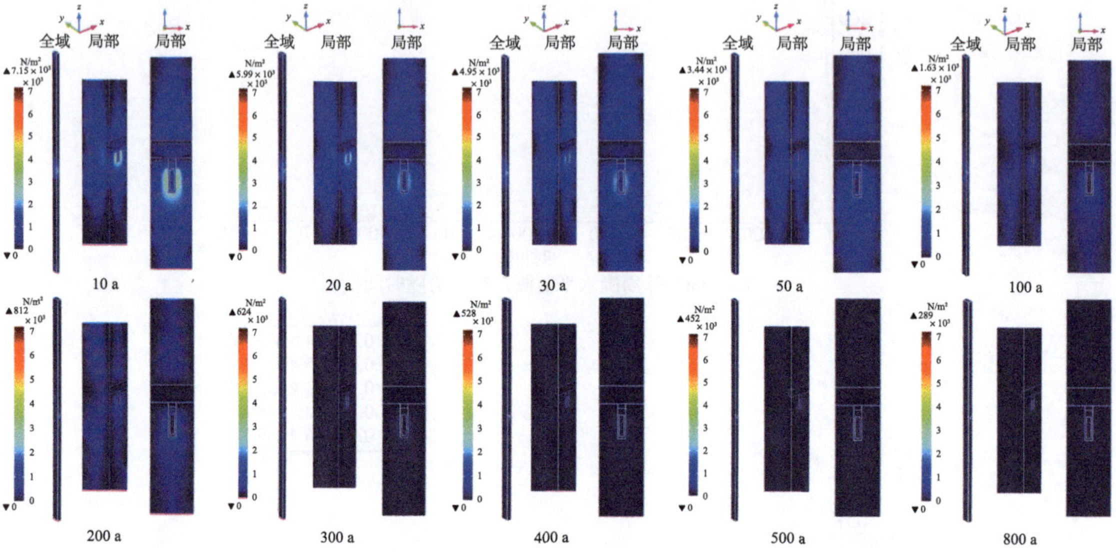

图 4.15　围岩不同时间节点热应力分布图

4.4.4　位移模拟结果变化规律

在 THM 耦合作用下，通过模拟计算塔木素泥岩作为处置库围岩的位移，获取各时间节点塔木素泥岩处置库的位移分布情况，选取不同监测点（见图 4.16），对其进行位移变化情况的观察和分析，以便更好地了解发生形变的状态、规律以及影响因素等。

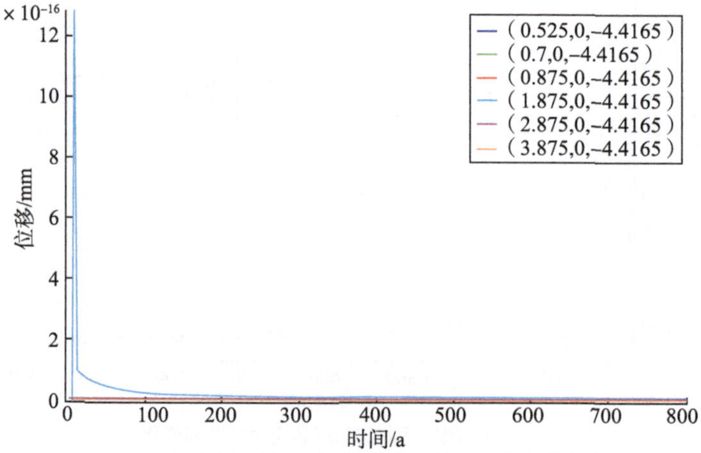

（a）固化体及周围围岩水平监测点总位移变化

图 4.16　高放废物处置库各监测点总位移-时间变化情况

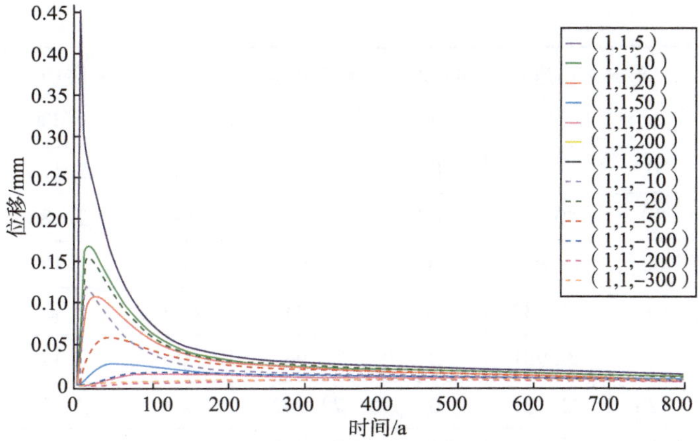

(b) 围岩垂向方向监测点总位移变化

图 4.16 高放废物处置库各监测点总位移-时间变化情况（续）

由图 4.16（a）发现，在模拟时间范围内（800 a），塔木素泥岩处置库围岩的位移变化主要集中在巷道壁。这可能由于处置库运行期间，处置库温度升高引发热膨胀进而向外挤压，导致巷道顶部的围岩（泥岩）发生位移的区域扩大。从图 4.16（b）可以看出，处置库运行 10 a 时，远离巷道的围岩（泥岩）水平方向位移变化不明显，基本可以忽略；垂直方向上巷道顶部围岩（泥岩）的位移变化比较大，距离巷道最近的监测点位移最大变化为 0.45 mm。当处置库运行 10~100 a 时，巷道周围围岩（泥岩）的位移变化逐渐减小。当处置库运行 800 a 时，巷道周围围岩的位移趋近于初始状态。由于处置库巷道周边围岩（泥岩）随着时间与距离的不断增加，其垂向上产生的位移逐渐变小，因此在数值模拟全过程中重点分析各监测点的 THM 耦合关系并根据塔木素泥岩处置库各监测点绘制位移-时间变化情况，见图 4.16。比较分析发现：该处置库巷道周围围岩（泥岩）的垂向位移均大于水平方向变形，且产生的位移总体较小，且围岩（泥岩）的位移变化远低于处置库围岩（泥岩）失稳变形位移。

4.4.5 关键监测点 THM 耦合关系分析

塔木素泥岩处置库围岩各监测点不同时间节点温度、水饱和度、膨胀应力和热应力变化的峰值见表 4.3。

表 4.3 处置库粘土岩围岩关键监测点不同时间节点 THM 耦合关系分析

围岩垂向不同坐标			时间/a	温度/℃	时间/a	水饱和度/%	时间/a	膨胀应力/MPa	时间/a	热应力/(N/m²)
X	*Y*	*Z*								
1	1	5	50	44.954	800	78.405	800	2.459	10	646.516
1	1	10	60	42.196	800	75.252	800	2.265	20	704.391
1	1	20	90	38.702	800	73.109	800	2.138	30	486.705
1	1	50	220	33.529	800	72.942	800	2.128	60	134.359
1	1	100	450	29.361	0	72.942	0	2.128	130	69.726
1	1	200	740	22.953	0	72.942	0	2.128	530	40.218

续表

围岩垂向不同坐标			时间/a	温度/℃	时间/a	水饱和度/%	时间/a	膨胀应力/MPa	时间/a	热应力/(N/m^2)
X	Y	Z								
1	1	300	0	20	0	72.942	0	2.128	800	43.597
1	1	-10	30	49.73	800	73.959	800	2.188	10	1141.861
1	1	-20	60	41.895	800	72.999	800	2.132	20	703.483
1	1	-50	160	34.732	800	72.942	800	2.128	50	281.897
1	1	-100	440	29.981	0	72.942	0	2.128	120	81.698
1	1	-200	720	23.301	0	72.942	0	2.128	450	45.434
1	1	-300	0	20	0	72.942	0	2.128	760	42.077

由图4.17（a）可知：在塔木素泥岩处置库围岩中，随着释热中心温度的逐渐下降，远离固化体中心的处置库围岩（泥岩）对称点，温度较低；在30 a时，处置库围岩（泥岩）与中心位置相距-10 m处，最高温度为49.73 ℃；随着模拟时间的递推，距离中心位置为300 m、-300 m的对称点，围岩（泥岩）温度接近围岩（泥岩）的初始温度20 ℃。

由图4.17（b）可知：塔木素泥岩作为处置库围岩不同监测点的水饱和度，随着与中心点距离的增加，水饱和度迅速下降，当与中心点距离达到20 m与-20 m时，围岩的水饱和度已接近于稳定状态，即由78.405%降到72.942%，之后基本维持不变。

由图4.17（c）可知：塔木素泥岩处置库围岩不同监测点的热应力变化趋势与温度变化有一定的相关性，且随着与中心点距离的增加，热应力迅速降低。到800 a时，当与中心点距离达到100 m与-100 m，产生的热应力已经非常低。

由图4.17（d）可知：塔木素泥岩处置库围岩不同监测点的膨胀应力变化趋势与水饱和度的变化趋势基本吻合。

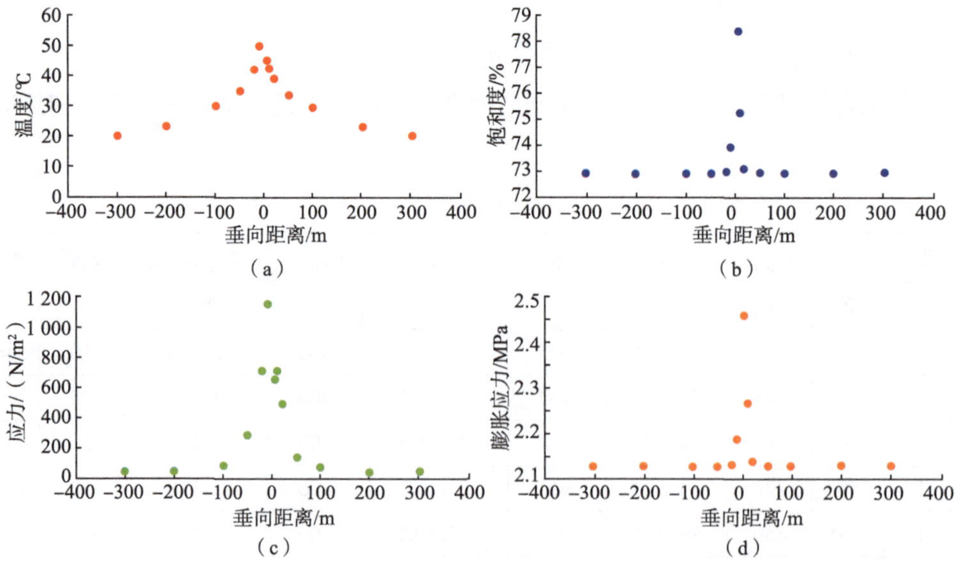

图4.17 处置库围岩（泥岩）关键监测点THM耦合分布情况

塔木素泥岩作为处置库围岩不同监测点的热应力峰值、膨胀应力峰值与温度的关系曲线以及膨胀应力峰值与水饱和度的关系曲线，见图 4.18。由图 4.18（a）、（b）可知：温度增加时，围岩（泥岩）的膨胀应力和水饱和度峰值逐渐上升，但其相关性不显著；由图 4.18（c）可知：温度增加时，围岩（泥岩）的热应力峰值与温度变化趋势显著相关，且 $R^2=0.854\ 9$；由图 4.18（d）可知，随围岩（泥岩）水饱和度的逐渐上升，不同监测点的膨胀应力峰值也不断增大，且相关系数 $R^2=0.999\ 9$，说明二者完全正相关。综上分析可知，随着时间的变化，在设定固化体表面温度不高于 100 ℃时，塔木素泥岩作为处置库围岩模拟所得的温度、水饱和度、应力和位移均在安全值范围内，可见该地段泥岩模拟分析结果符合当前高放废物处置库围岩设计要求，可以作为重点对象加以进一步研究。

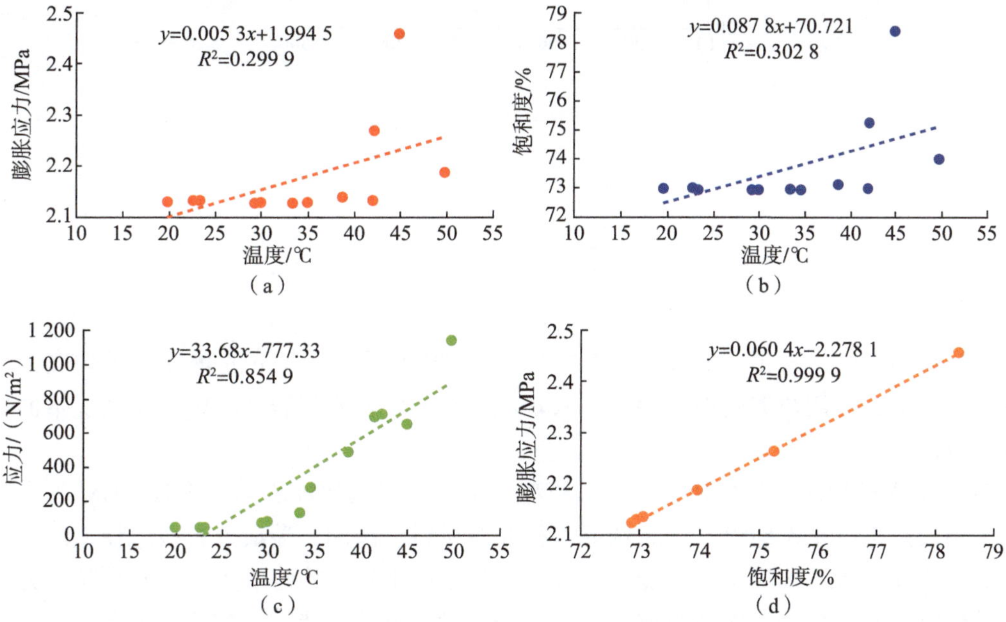

图 4.18　处置库围岩（泥岩）THM 耦合关系

4.4.6　关键监测点 THM 耦合变化模拟结果验证

为验证本书 THM 耦合模拟结果的可靠性，在此将文中关键监测点围岩温度模拟变化结果与法国 Callovo-Oxfordian 粘土岩 THM 耦合模拟温度变化结果[171]进行分析对比（见图 4.19），发现两种围岩在模拟时间范围内，温度模拟变化趋势整体一致，均表现为在 30 a左右达到峰值，之后温度开始逐渐下降。具体温度模拟值在 100 a 二者存在差异变大，但整体不超过 10 ℃。这可能因塔木素预选地段泥岩与法国 Callovo-Oxfordian 粘土岩内部实际的节理结构、热传导性能等存在差异而受到一定影响。因此，通过对比验证，可以认为本书 THM 耦合模拟结果准确性较高，模型可靠度较好，进行围岩特性的 THM 耦合模拟具有可行性。

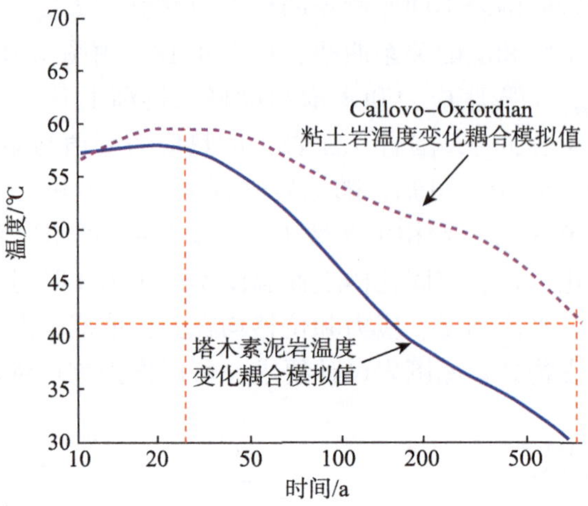

图 4.19 处置库围岩（泥岩）THM 耦合关系

4.5 本章小结

为模拟研究塔木素预选地段泥岩各向异性下 THM 耦合情况下的物理力学响应，参照现场试验参数，运用数值模拟方法对塔木素泥岩作为处置库围岩在温度变化情况下的耦合效应进行研究。

（1）基本模型建立与多孔介质数学模型及定解。以构建泥岩多孔介质 THM 耦合数学模型为出发点进行基本假设，同时选择多孔介质材料、法国、瑞典处置概念模型的部分几何参数，构建三维对称模型。从能量守恒和质量守恒出发，构建热力学、水力学、力学基本数学模型，并进行处置库各组成部分边界条件设定及参数选定，在考虑地下水流动、孔隙度演化、应力-应变等耦合作用，模拟塔木素泥岩的 THM 耦合效应。

（2）通过设定 23 个关键监测点，模拟塔木素预选地段泥岩 THM 耦合作用下不同时间节点的温度、饱和水、应力和位移的变化情况。

①温度模拟结果变化规律显示中心温度在 10 a 左右达到最大值，缓冲材料膨润土与围岩界面的最高温度为 81.90 ℃，到 10~50 a 左右温度下降较快，50~100 a，温度开始缓慢降低。200 a 左右温度降至约 45 ℃并基本趋于稳定。垂直方向距离中心点距离最近区域在最初 10 a 温度达到最高为 77.90 ℃，10~30 a 左右温度下降较快，300 a 后温度降至 40 ℃左右，并趋于稳定。

②饱和水过程模拟显示：在运行约 50 a 时，在距离玻璃固化体最近位置的缓冲材料膨润土的饱和度最早发生变化。垂向上处置库围岩的饱和度在 50 a 也开始逐渐升高，但是随着围岩与巷道距离的增加，饱和度上升速度逐渐变缓。在模拟时间内，缓冲材料和围岩附近围岩均未完全饱和。

③处置库固化体周围水平监测点及围岩垂向各监测点膨胀应力随时间的变化规律显示泥岩的膨胀应力变化规律与水饱和度的变化规律非常相似，表明饱和过程产生膨胀应力并

对处置库作用明显。

④在模拟时间内，塔木素泥岩处置库围岩的位移变化集中在巷道壁。处置库巷道周围围岩（泥岩）整体位移变化较小，且远低于处置库围岩（泥岩）失稳变形位移。

⑤塔木素泥岩作为处置库围岩的不同监测点热应力变化趋势与温度变化有一定的相关性，且随着与释热中心距离的增加，热应力迅速降低；膨胀应力变化趋势与水饱和度的变化趋势基本吻合。在当前固化体设计温度范围内，模拟结果显示预选地段泥岩符合当前高放废物处置库围岩的设计要求，可以作为重点对象研究。

5 预选地段 FEPs 清单筛选与情景分析

目前，粘土岩高放废物处置库尚处于研究预选地段的起步阶段。预选地段的诸多因素影响着高放废物地质处置的长期安全性。关于预选地段的安全评价方法众多，但目前普遍应用情景分析法，即通过分析影响深地质处置的特征（Features）、事件（Events）和过程（Processes），以确定和识别今后处置库的可能演化过程，也就是通常所称的 FEPs 分析。

分析预选地段 FEPs，应重点关注对未来处置系统可能产生影响（直接或间接）的相关 FEPs 清单。目前，国际上已经利用这种方法开展了大量的研究工作，并建立了各国相应的 FEPs 数据库。关于高放废物处置的研究我国也开展了一系列工作，初步建立了适合甘肃北山预选区（花岗岩）的 FEPs，但对于塔木素预选地段（泥岩）的 FEPs 尚未开展相关研究。本章在调研国内外放射性废物处置库 FEPs 清单的基础上，结合塔木素预选地段的实际工程情况，初步建立塔木素预选地段的 FEPs 清单，为后期我国泥岩处置库的安全评价提供参考。

5.1 安全处置系统描述

典型的安全处置系统描述如图 5.1 所示，主要涵盖高放废物处置过程的源项、近场、远场、生物圈以及自然系统影响等等。

5.1.1 源项

源项一般指由有毒物质和强放射性核素组成。物质天然存在放射性，在处置库关闭后会对整个处置系统造成危害。关于源项的描述通常为废物体在处置环境中长期演变的行为及其相关的物理化学特性。如处置设施表面或全部设施的污染活度清单，核素的长期或短期放射特性以及放射性物质的物理化学形态。此外，放射性核素的组成、含量及赋存形式也是源项描述所涉及的内容，主要是获取玻璃固化体中尚未处置的高放废物微观构成并不断更新相关数据。

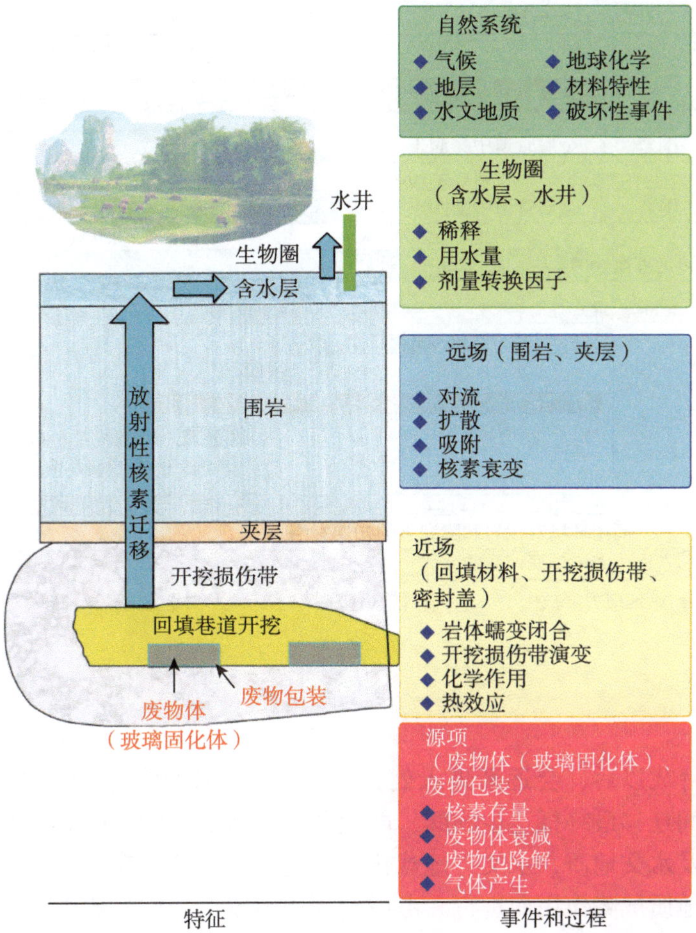

图 5.1　典型地质处置系统

5.1.2　近场

近场一般是指受到辐射热的长时间作用，所涵盖或涉及的范围，主要内容为：废物类型（如废物体的来源、特性及所释放核素的存量等）；系统工程（如废物包装、处置设施及相关部件、工程屏障、排水方式等）；产生扰动区域的范围及其所具有的特性（任何开挖或施工过程造成）；围岩因放射性核素衰变热而产生变化（包括影响范围和围岩特性改变）。

处置库关闭后，工程屏障系统所起的保护功能因时间久远而缓慢退化，在地下水的作用下，固化体会受其长期浸泡侵蚀而开始接触并逐渐发生溶解，放射性核素因之而失去屏障保护，逐渐向外释放，并会向腐蚀产物及相应的空隙扩散迁移缓冲层，随后逐渐迁移至开挖损伤带。而辐射热的产生，必将影响一定区域范围内的围岩，而这一系列过程将在近场产生相互作用。由此可见，近场与源项在处置系统中存在密切联系，不仅作用范围广，而且作用时间长，详细过程如图 5.2 所示。

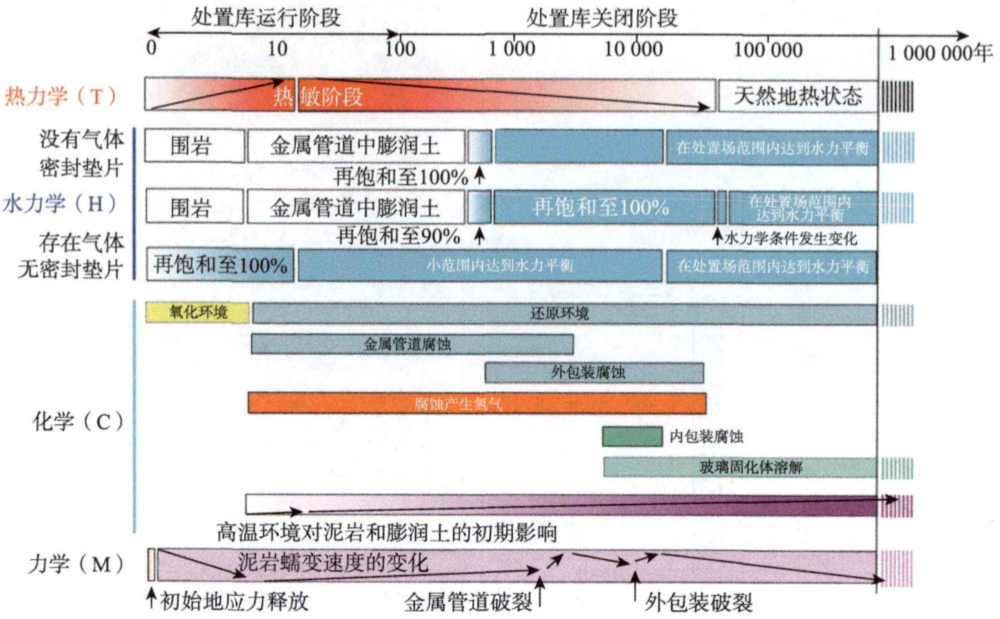

图 5.2 超长时间尺度安全处置系统描述

5.1.3 远场

近场的核素释放以后，会逐渐进入处置坑。核素产生的辐射热对围岩外边界产生影响，且经过长时间迁移最终抵达生物圈，即远场。其涉及地质、构造和地震条件等宏观因素的影响，也涉及水文地质、水文、地球化学、侵蚀速率等微观因素的影响。放射性核素的迁移，是通过地质屏障作用而进行。考虑到预选地段泥岩作为地质屏障，核素对其产生的主要作用为：裂隙或孔隙内进行的对流-扩散、机械弥散；裂隙到孔隙骨架间的分子扩散；而泥岩的矿物成分可通过吸附、阻滞、沉淀以及微生物和胶体作用于核素。

5.1.4 生物圈

生物圈涵盖的内容非常广泛，一般指人类行为、气候、水体、土壤、生物群落、地形以及处置设施的地理位置等。放射性核素如果从远场释放进而迁移至生物圈，所产生的辐射很可能对人类造成危害。因在高放废物处置过程中所考量的时间范围非常久（超过10000 年)，未来人类生活方式和所处环境很难预测。一般主要考虑：各环境介质中，核素迁移中产生的放射性剂量对个体的影响；此外，以人类为参照，未来的生活方式、可能受到的辐射以及与之相关的影响参数可作为计算个体的有效剂量。

5.2 FEPs 分析与情景开发

处置库未来可能情景的识别是高放废物地质处置安全评价的前提[172]。情景开发则源自深地质处置的相关 FEPs 分析。这些情景可能是未来核素释放或对人类与环境产生危害的途径。但全部的影响因素（FEPs）结合在一起十分庞杂，这就预示着处置库可能表现出不计其数的不同形态。如果对数以万计的形态进行全面评价非常不现实，且没有必要[173]。为了筛选出对评价情景起到关键作用的因素，同时确保这些需要评价的相关因素具有综合性、代表性和全面性。因此，建立 FEPs 清单对安全评价工作来说非常必要。在筛选过程中需要通过特定的方法与准则，总结所需评价情景展开分析。影响安全评价的关键因素与处置系统有关的主要现象是情景开发关注的主要内容。情景开发关键是识别和确定处置系统未来演化过程可能存在的安全问题。情景开发是未来情景演化的模拟，是数理模型与概念模型的构建基础，是科学认识与计算的核心，也是安全评价关注的重点之一。NEA 在相关工作报告中提出安全评价工作可依次分为情景开发、概念模型、分析后果、对比结果与安全标准四个阶段。

5.2.1 FEPs 及情景开发原则与方法

安全评价系统复杂，涉及对象较多，其研究内容包括安全评价监管、安全评价法规的完善以及安全评价技术的开发和优化。其中情景开发、过程演化模型及系统分析模型是开发安全评价技术涉及的关键内容。而情景开发主要是通过国际上 FEPs 的收集、归类和梳理，并建立符合我国规划选址阶段的 FEPs 清单，形成了评价情景。FEPs 筛选与情景分析过程如图 5.3 所示。

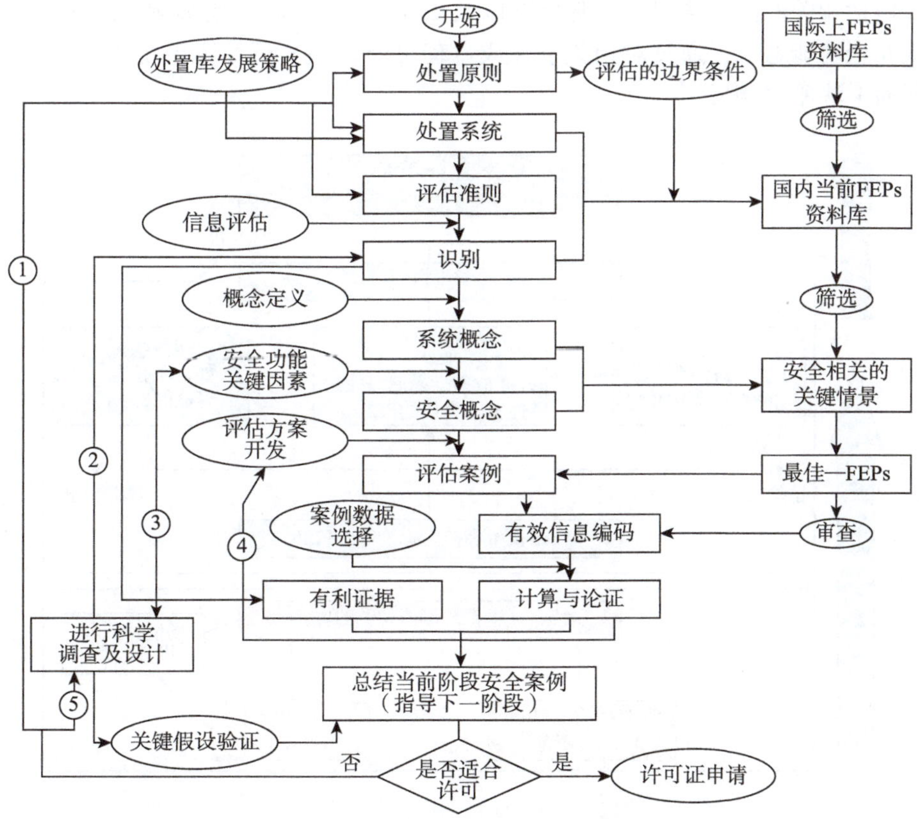

图 5.3 安全评价系统 FEPs 筛选与情景开发过程[174]

合理筛选安全评价的 FEPs，是全面识别影响处置系统安全潜在因素的关键所在。FEPs 分析是鉴别、归类和筛选 FEPs 的过程。

通常，情景开发的过程为构建 FEPs 清单、筛选 FEPs 并开发情景、情景选择与分析识别。为了保证情景开发过程的完整性和结果的科学性，常利用系统的方法，并结合科学可行的技术手段，建立 FEPs 清单和开发情景（情景必须具备完整性）。

通常，情景分析有四个步骤[174]：

（1）处置系统的全面描述；

（2）影响系统未来行为关键现象的定义和量化；

（3）系统组织前期 FEPs，建构未来演化情景；

（4）进行情景转化，通过模型、后果分析计算评定。

安全评价过程中会涉及基本情景、正常演化、未来预期演化等相关的大部分 FEPs。但某些不可预见的 FEPs 可形成特殊情景[174]。构建情景方法有：一为自下而上方法，如图 5.4。如基于对 FEPs 的筛选，优化安全评价方法学（ISAM）方案。此方法关键在开发涉及所有可能的 FEPs，且开发过程利用已有 FEPs 清单（国际上认可的清单），根据特定场址或安全处置系统对 FEPs 进一步界定。然后根据该 FEPs 清单进一步筛选（排除低概率、低风险、不符合法律法规等的 FEPs）。最后将剩余的扰动或未扰动情景下的 FEPs 整合，形成合理的情景。情景开发的全过程进行可行性验证并形成相关文件。FEPs 的筛选标准应该包括相关的法律法规、监管标准以及 FEPs 可能的后果或影响。二为自上而下方法，基于安全功能考虑，通过对相关事件或过程可能影响分析处置系统[48,175-176]，具体过程与自下而上法刚好相反。

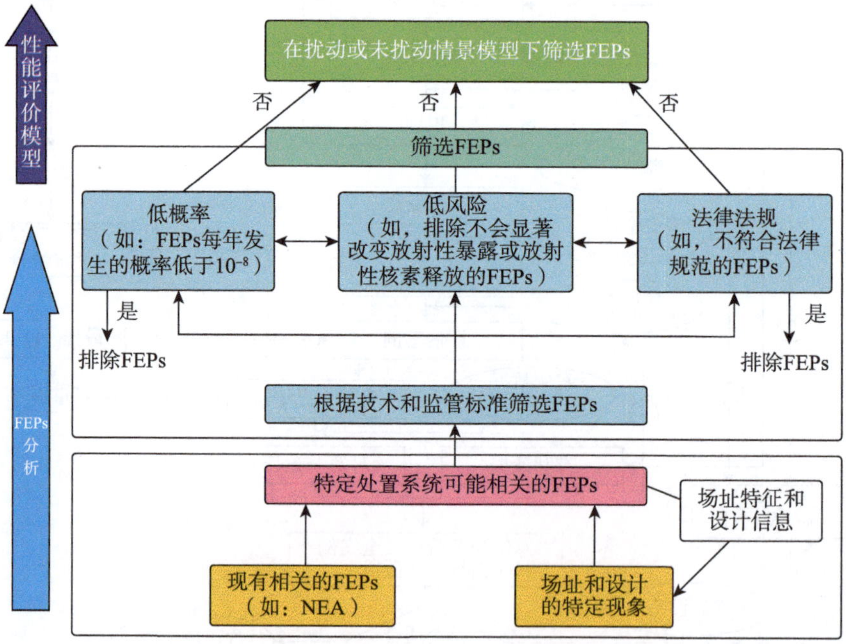

图 5.4　FEPs 自下而上筛选方法

无论情景开发使用何种方法，对处置系统安全性能产生显著影响的 FEPs 必须加以明确，另外所有可能的潜在关键迁移路径与演化情景必须充分考虑。在评价过程中屡次发生相关 FEPs 也应特别考虑。代表性较强的正常或预期演化可开展描述和验证，收集发生概率极低或不确定性较大的相关情景 FEPs。最大限度的估量各情景的发生概率，以利于后期风险评价。未来环境条件下，场址可能存在风险及其范围必须重点考虑，同时还需要明确潜在受辐照影响的群体范围。在进行风险确定过程中，风险确定方法的详细描述在 FEPs 构建与安全评价中具有必要性。同时情景不确定性及风险评价中的某些特定情景需如何进行处理，必须厘清。

5.2.2 FEPs 的分类与筛选

随着高放废物处置项目的不断推进，最新 SR-Site FEPs 数据库筛选出 407（瑞典 SKB），美国 Sandia 筛选的现有 FEPs 为 1737 个，瑞士 Nagra 以 Opalinus Clay 为主要研究对象，开发了 482 个 FEPs，并划分出 52 个子类。其他国家或组织（如德国 DGA、荷兰 PROSA、英国 Nirex），结合 NEA 的 FEPs 清单，采用系统方法，开发出一套适用于本国家的处置库安全评价 FEPs[49,177-182]。NEA 的 FEPs 分类筛选过程详见图 5.5，主要按照内部因素和外部因素进行分类。并根据具体的场址特性、概念模型以及概率对照相关筛选标准进行 FEPs 筛选。各国在筛选过程中，采用的方法有所不同[47,175-176,181,183-184]，以下主要介绍典型国家的 FEPs 筛选方法：

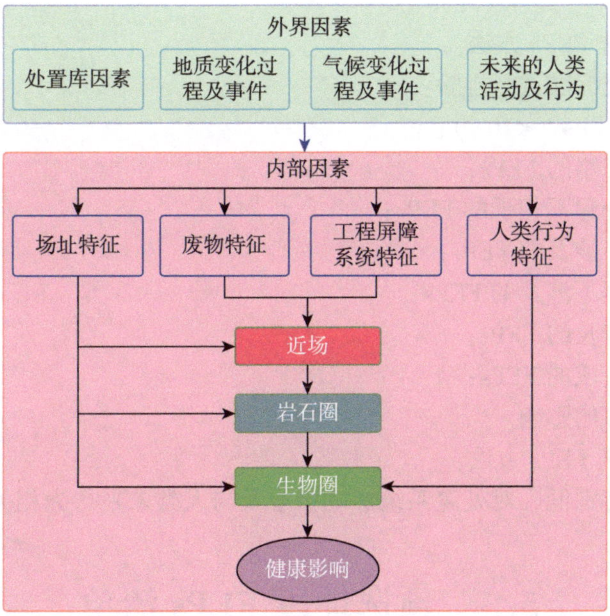

图 5.5 NEA FEPs 分类筛选过程[183,184-185]

（1）日本筛选 FEPs 有 4 种方法：

①适当地质环境的选择。排除对地质处置安全不存在影响的 FEPs；

②安全技术可以避免的 FEPs 排除；

③概率极低的 FEPs 排除；

④可忽略的 FEPs 排除。无关紧要且产生概率或后果可忽略。

（2）美国筛选 FEPs 的方法：

主要考虑影响因素、法规标准以及发生概率等（见图 5.6）（排除每年发生概率$<10^{-8}$的 FEPs）。

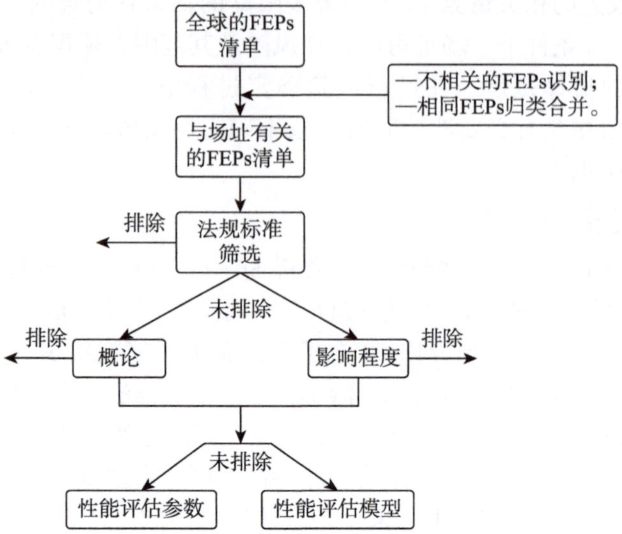

图 5.6 美国筛选 FEPs 清单流程图[174]

(3) 比利时筛选 FEPs 方法：

应用了 8 种筛选标准进行排除：

①概率极低的 FEPs（$<10^{-8}$）；

②产生影响可忽略的 FEPs；

③与废物类型处置不相干的 FEPs；

④处置库设计不涉及的 FEPs；

⑤粘土形成过程不涉及的 FEPs；

⑥处置场址不涉及的 FEPs；

⑦未来人类所造成的 FEPs；

⑧相同或者类似的影响。

(4) 西班牙筛选 FEPs 方法：

排除发生概率特别低、对处置系统影响极小及与人类未来行为相关的 FEPs。

5.3 预选地段 FEPs 清单

影响高放废物地质处置安全评价的相关因素识别需优先建立 FEPs 清单[187]。近年来 NEA 已建立目前国际上非常完善的 FEPs 数据库清单。总结瑞典（SKB）、瑞士（Nagra）、加拿大（ALCE）、美国能源部（DOE）的 WIPP 以及英国（Nirex）处置项目所考虑的 FEPs[174,188-190]。国际最新版本 FEPs 清单涉及 1671 个 FEPs，主要考虑的围岩类型为结晶岩和粘土岩，各国可借鉴和参考该 FEPs 进行相应的开发和应用。

预选地段在未来情景演化过程中涉及的影响因素非常复杂，因此要对其进行全面分析，非常不可行。而应在分析和筛选基础上，获取代表性和综合性较强的 FEPs[55]。构建 FEPs 主要考虑两方面：首先，处置废物体中衰变释放高热的放射性核素，对天然屏障来说会受到长期热辐射作用，这必引发处置库围岩及相关介质地下温度场的改变，以致对所涉及的介质产生影响。同时温度变化会引起地下水相关特性的变化，从而影响原有的水岩作用；其次，建造处置库过程中会发生扰动，相关地质介质的原始应力分布会发生改变。显然，在筛选预选地段 FEPs 过程中，各地质介质受到的长期多场耦合作用也需要考虑。因此，筛选塔木素预选地段的 FEPs 清单，主要从以下几个方面考虑：

第一，尽量保证处置系统的地质环境稳定；

第二，充分利用天然屏障的安全性能；

第三，尽量避免工程屏障因不可预见因素影响而失效；

第四，地表环境条件在可预测范围内尽量保持不变；

第五，尽量避免未来人类活动干扰。

国内关于泥岩预选地段高放废物地质处置，尚未建立符合我国目前需求的、完整的特定 FEPs 数据库。本书主要根据处置库安全评价过程中需要考虑的所有关键因素，结合塔木素预选地段的实际背景条件，参照国际上得到广泛认可的 FEPs 数据库分析和筛选（见图 5.7），初步获得适宜于当前安全评价 FEPs 清单。

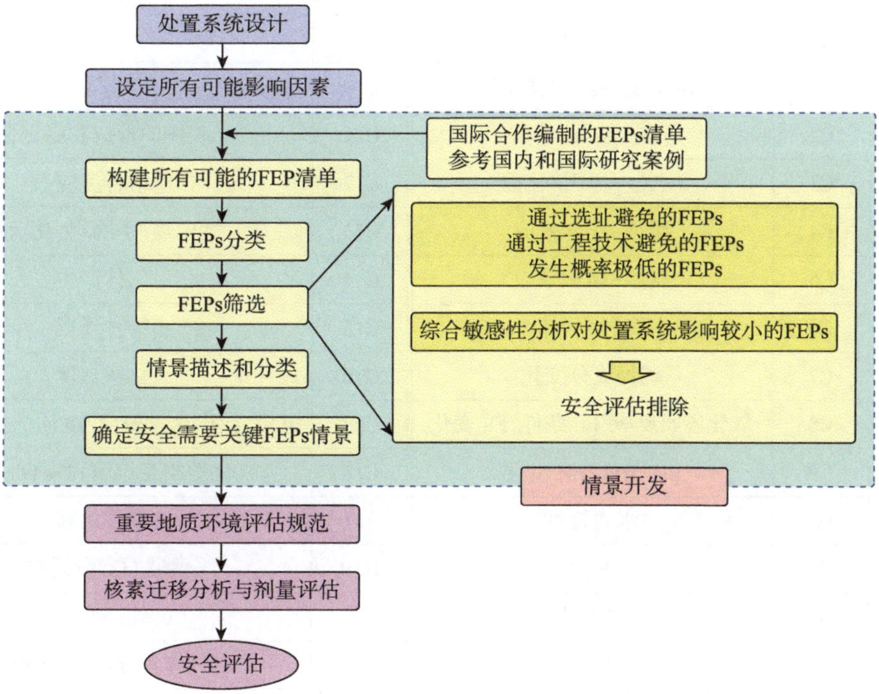

图 5.7　预选地段 FEPs 筛选过程

第一步，根据处置系统设计的安全要求，综合考虑影响预选地段以及未来处置库安全的相关要素，从内外影响因素对 FEPs 进行分类。

第二步，从现阶段已公开的数据库，筛选出适用于我国当前泥岩预选地段的相关数据库[186,189-191]。

第三步，根据安全需要进行情景分析，关键 FEPs 筛选。逐项排查已有 FEPs，且排除标准为：不影响我国处置概念；与塔木素预选地段环境条件没有关系；可能发生的概率非常低；对处置库安全不造成影响；通过工程技术及工程措施可以完全避免；当前不涉及的相关 FEPs。然后对照 NEA[192-193]、瑞典以及瑞士[174]等国家的 FEPs，再进行补充与完善。

经过分析和筛选，初步获得塔木素预选地段 FEPs，首先按照影响预选地段以及未来处置库安全的各屏障系统相互作用的内部因素建立 FEPs（见表 5.1）。

表 5.1　内部因素相关的 FEPs 清单

类别	编号	FEPs 名称	编号	FEPs 名称
处置系统	D1	处置库几何结构	D6	回填材料规模和特性
	D2	外包装-尺寸和特性	D7	回填/支撑范围和特性
	D3	缓冲材料范围和特性	D8	巷道尺寸和性能
	D4	废物罐尺寸和特性	D9	密封材料尺寸和特性
	D5	固化体特性	D10	围岩开挖损伤厚度和特性
放射过程	R1	源项	R4	辐射影响/损坏
	R2	放射性衰变	R5	核临界面
	R3	辐射分解		
化学过程	C1	溶解度/溶解度极限	C10	吸附/阻滞
	C2	沉淀/结晶/溶解	C11	胶体的形成和稳定性
	C3	腐蚀—原因/过程	C12	络合反应
	C4	腐蚀-化学效应	C13	微生物/生物/生化活性
	C5	腐蚀-体积效应	C14	气体产生
	C6	腐蚀-气体	C15	物种形成
	C7	矿物成分变化	C16	化学梯度
	C8	氧化还原反应/Eh 条件/Eh 变化	C17	电耦合/电化学效应/电泳/电化学梯度
	C9	pH 条件/pH 变化	C18	化学相互作用和耦合过程
水力过程	H1	水力特性	H9	胶体运移
	H2	对流	H10	颗粒悬浮/运输
	H3	热对流	H11	气体流动和运输
	H4	扩散	H12	气体诱导流动和输送
	H5	弥散	H13	天然气侵入
	H6	密度驱动流量	H14	优先途径（裂隙等）
	H7	非饱和流	H15	碱性羽流
	H8	远场地下水流量		
热过程	T1	热演化	T4	放热反应
	T2	热效应—物理/机械	T5	地热效应
	T3	热效应-化学效应		

续表

类别	编号	FEPs 名称	编号	FEPs 名称
物理/机械过程	P1	破裂	P6	应力变化
	P2	蠕变	P7	力学效应
	P3	腐蚀-应力开裂	P8	气体爆炸
	P4	地震活动/地震	P9	关闭后活动-影响
	P5	断层/压裂		

其次从非正常情景演化角度考虑未来气候变化、地质活动、人类不可预见等因素筛选出影响预选地段安全评价的外部因素相关的 FEPs，见表 5.2。

表 5.2　外部因素相关 FEPs 的清单

类别	编号	FEPs 名称	编号	FEPs 名称
地质活动	G1	环境过程	G10	区域构造活动
	G2	整个地区的水平/垂直运动	G11	地震活动
	G3	侵蚀/剥蚀	G12	自我修复
	G4	粘土岩（泥岩）的压紧	G13	磁场活动（火山活动）
	G5	压力体系的进化	G14	水热的活动
	G6	河流/湖泊沉积	G15	区域应力状态
	G7	风成作用	G16	断层作用
	G8	新断层的形成	G17	板块运动
	G9	成岩作用	G18	隆起与沉降
未来气候变化	W1	气候特征	W11	季节性气候
	W2	现在与未来气候条件	W12	环境过程
	W3	冰川作用	W13	河流或冰的侵蚀/沉积
	W4	冻土地带	W14	冰河的侵蚀/沉积
	W5	永久冻结带	W15	冰冻作用
	W6	干气候	W16	温室效应
	W7	暖湿平衡	W17	洪水
	W8	暖/湿季节	W18	沙尘暴
	W9	海平面变化	W19	荒漠化/盐渍化
	W10	降水量	W20	陨石撞击

续表

类别	编号	FEPs 名称	编号	FEPs 名称
未来人类行为	HB1	未来人类行为	HB18	管理制度的约束
	HB2	钻孔资源开发	HB19	处置库的废弃
	HB3	钻孔-勘探	HB20	考古活动
	HB4	地热开采	HB21	酸雨
	HB5	液体废物注入	HB22	臭氧层的损害
	HB6	深地下水的抽取	HB23	地表破坏
	HB7	深层开采活动	HB24	城市化与逆城市化
	HB8	人为因素致使气候变化	HB25	人为地下水补给
	HB9	地下水污染	HB26	地表污染（土壤、河流）
	HB10	用水管理	HB27	近地表开采
	HB11	有意/无意入侵	HB28	人为改变地表水化学
	HB12	表面污染（土壤、河流）	HB29	水资源勘探和开采
	HB13	处置库的备案保存情况	HB30	溶浸采矿
	HB14	土地利用变化	HB31	其他资源开采
	HB15	钻孔引起的溶解和沉降	HB32	未来人类饮用水获取情况
	HB16	地下工程	HB33	人为地表水文改变
	HB17	建造排水设施	HB34	河流变迁

其次根据塔木素预选地段泥岩影响未来处置库安全的关键因素筛选相关的 FEPs，见表 5.3。

表 5.3　与泥岩相关的 FEPs

编号	FEPs 名称	编号	FEPs 名称
M1	泥岩的热力学性质	M27	微生物活动
M2	泥岩的温度	M28	有机物
M3	泥岩热膨胀	M29	胶体形成
M4	热迁移	M30	胶体与泥岩的相互作用
M5	泥岩水文学性质	M31	泥岩的化学蚀变
M6	泥岩的水充填	M32	地球当前形态
M7	泥岩内部的水力流动	M33	气体迁移
M8	地下水成分	M34	胶体迁移
M9	泥岩水力特征作用	M35	胶体与粘土成分相互作用
M10	泥岩的水饱和	M36	天然的有机物

续表

编号	FEPs 名称	编号	FEPs 名称
M11	泥岩的水力梯度	M37	地质化学的改变
M12	泥岩的机械性质	M38	地下水流对粘土密度的影响
M13	泥岩的机械压力	M39	流体流动耦合作用过程
M14	泥岩的变形	M40	放射性衰变和增长
M15	缓冲材料膨润土的膨胀	M41	地下水的辐射分解
M16	泥岩矿物成分	M42	泥岩的辐射损害
M17	粘土矿物	M43	泥岩的主体运输性质
M18	泥岩不连续	M44	泥岩中放射性核素的迁移
M19	方解石、方沸石、白云石的存在	M45	平流/弥散
M20	泥岩矩阵结构	M46	扩散
M21	泥岩渗透特性	M47	吸附
M22	泥岩吸水的自愈合性	M48	沉淀/分解
M23	泥岩的化学性质	M49	胶体迁移
M24	地下水化学	M50	气体驱动/作为媒介运输
M25	泥岩和地下水的相互作用	M51	气体对粘土的作用
M26	气体产生和影响	M52	临界状态

再次从生物圈角度考虑可能的 FEPs，详见表 5.4。

表 5.4　生物圈相关的 FEPs

编号	FEPs 名称	编号	FEPs 名称
B1	生物圈的特征	B21	蒸发作用
B2	岩石圈-生物圈相互作用	B22	毛细作用
B3	地形学与生态学	B23	生物电流
B4	土壤	B24	暂停的沉淀物迁移
B5	含水土层	B25	工程建造
B6	地表水体	B26	放射性核素迁移/积聚
B7	大气/气候	B27	放射性核素的吸附与吸收
B8	动物	B28	物种形成与溶解
B9	植被	B29	扩散/散布
B10	农业生成活动	B30	核素的挥发
B11	自然环境	B31	核素的稀释
B12	狩猎与收割生活方式	B32	动物的吸收（含人类）

续表

编号	FEPs 名称	编号	FEPs 名称
B13	环境过程（生物圈）	B33	食物平衡
B14	水资源开采	B34	放射性链的长期平衡
B15	外部渗透到含水层或地表水（生物圈）	B35	核素的暴露（生物圈）
B16	过滤作用	B36	人类的生活方式
B17	地表/地下水流	B37	剂量
B18	腐蚀/沉积作用	B38	污染物（非食物）
B19	沉淀/沉积	B39	未来生物条件
B20	土壤形成	B40	非放射性影响

5.4 情景分析

情景分析是安全评价过程中非常关键的步骤。目前我国高放废物地质处置（泥岩）尚处于区域地质调查和预选地段确定阶段，情景分析的相关工作也在逐步开展。根据国内外情景分析的描述和主要技术方法，主要从高放废物处置系统的源项、屏障体系等影响因素进行分析，同时结合地质介质的耦合过程进行研究。情景分析通常根据不同的天然屏障，采用的研究方法各不相同，但对于工程屏障，多数国家的研究基本相似。

5.4.1 情景预期演化

情景开发的重要构成部分即处置系统预期演化的描述。具体包括场址特征、实验室研究信息、多场耦合效应等。处置库关闭后，预期演化描述是正常情景演化研究的前提条件[194-195]。废物罐安全功能的失效概率在任何情景分析过程中都必须考虑。因此，按照预期演化描述，可从影响废物罐失效可能性进行情景筛选与分析[47-48,74]。

（1）源项演化

玻璃固化体失去废物罐的保护，将开始与地下水发生作用并溶解释放核素。一般玻璃溶解率假定为常量，并且认为其与核素释放率二者成一定比例；当然在此过程中，核素的溶解与衰变相伴进行。1 千年后，假定废物罐已失效，短寿命核素的活度水平已绝大多数衰减到可忽略程度。核素从固化体溶解到腐蚀产物孔隙水，进而进入屏障系统，沿着孔隙形成的通道迁移，部分核素此时可能被吸附。

（2）屏障体系演化

处置库关闭后，原本干燥的缓冲材料，从附近围岩吸收水分渐达饱和状态。而缓冲材料饱和后会损伤密封材料进而产生裂缝。裂缝中膨胀后的缓冲材料会产生极弱的侵蚀，由于侵蚀过程非常缓慢，因此缓冲层所发挥的安全功能在 100 万年内有效。废物罐完全有效时，能有效隔离玻璃固化体与环境接触。废物罐的金属材料，在其失效后会不断吸收水分，与固化体发生作用并致使其溶解。此过程会产生沉淀形成第二固相，延缓固化体溶解速度。此过程，核素释放可能成比例释放或溶于孔隙水或被腐蚀物吸附。之后，溶解后的放射性核素，会逐层扩散，见图 5.8。此过程也可能发生吸附或阻滞作用但也可能迁移至导水节理带甚至迁移到导水断裂带，最终向生物圈运移。而核素迁移至生物圈后，通过相应的食物链等途径对人类产生辐射影响。

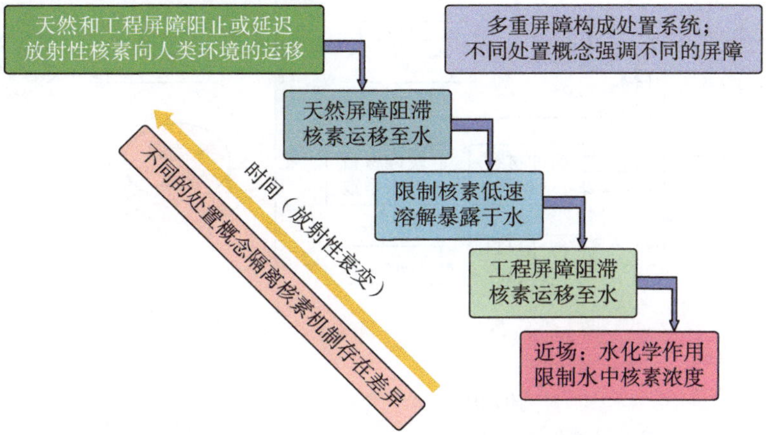

图 5.8　核素在屏障体系中运移机制（水力通道）

5.4.2　形成情景

情景可以自下而上生成，也可以自上而下生成。在自下而上的方法中，由于 FEPs 的相互作用，FEPs 具有初始状态值，可供选择的演化从初始状态值展开。目标是评估任何演化是否会导致不可接受的放射学后果，以致放射性核素释放到表面，如图 5.9 所示。情景分析过程包括情景开发和后果分析。情景开发阶段形成的情景是放射学后果（如放射性核素释放、对人类的剂量）在后果分析阶段进行计算的重要依据。在此我们主要进行场景开发，具体步骤为：第一，FEPs 的识别；第二，处置系统的系统模型开发；第三，情景的生成。

高放废物处置过程涉及的各个环节是一个开放的系统。当处置库关闭后，这个开放的系统会发生各种情景的演变。基于塔木素预选地段的特性，在当前地质处置研究的背景条件下从正常情景演化与非正常情景演化两个方面初步模拟预选地段受辐射影响的情景。预期演化一般按照正常情景演化进行研究。非正常情景演化则根据可能发生概率进行探讨，一般对于发生可能性很小的作用过程或特征事件进行情景假设。具体有：废物罐不可预见的破损；围岩在场址筛选时某些未被探测到的快速水力通道；同时可以对低概率特征事件进行情景演化模拟，具体可以涵盖不可抗力发生的地震，致使缓冲层受损，短期内产生快速水力通道。甚至地震致使缓冲层和附近围岩同期产生快速水力通道。在此，暂不考虑当前和未来人类无意入侵的情景。

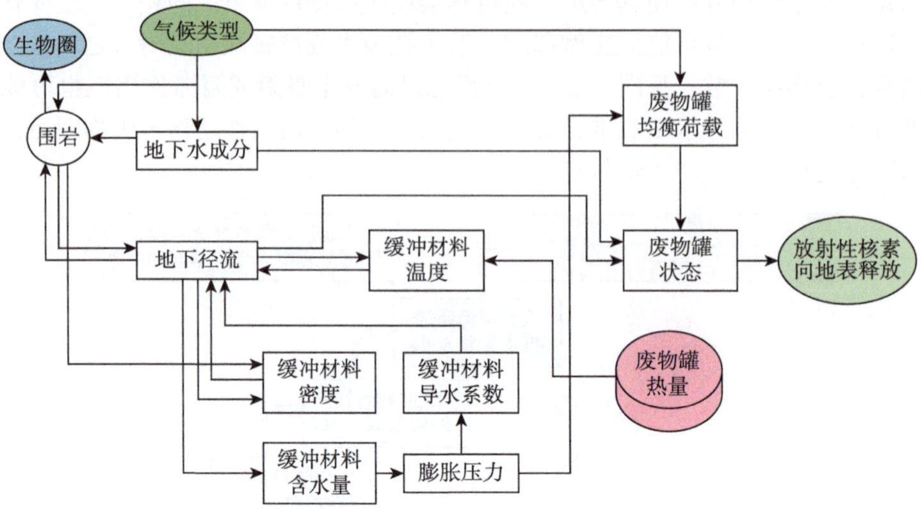

图 5.9　水力通道条件下核素释放情景

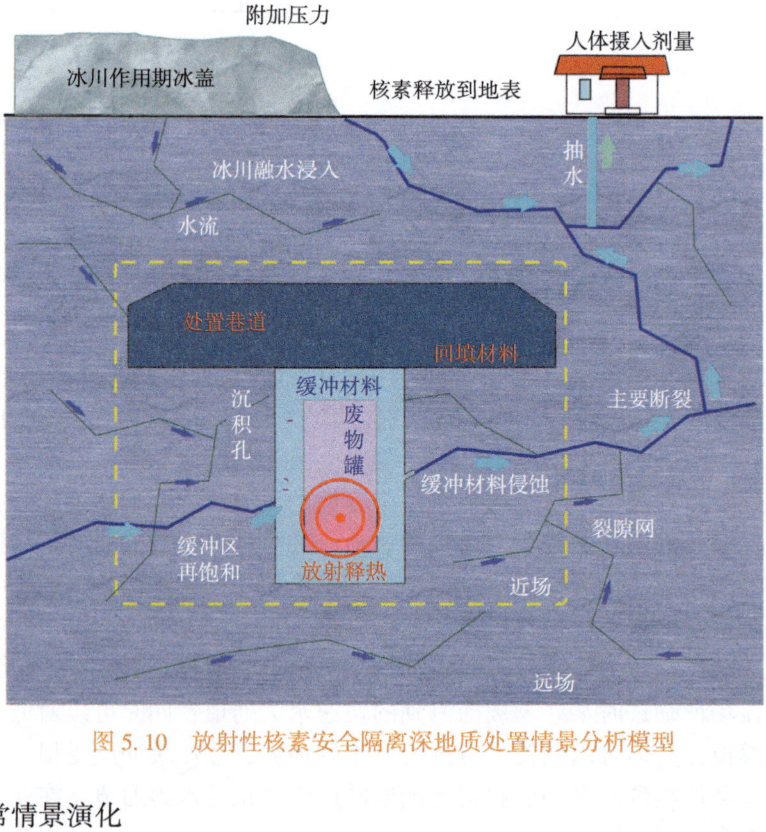

图 5.10　放射性核素安全隔离深地质处置情景分析模型

(1) 正常情景演化

正常演化情景是：随着时间的推移，地下水侵蚀各屏障系统，放射性核素随着地下水在各屏障不同范围内和各种条件下的释放、迁移（见图 5.10）。正常演化情景即玻璃固化体达到预定年限（1 千年作用），包装容器才开始失效，地下水侵蚀固化体，而此时固化体不断浸出，其表面侵蚀层逐渐形成，且具有一定厚度。所以由此看来，核素的浸出过程都会存在一个起始浸出速度较快，而后趋于平缓的过程。此浸出过程将变成在固化体表面和侵蚀层表面发生的一系列反应，从而引起材料在侵蚀层中扩散的综合过程。在此不涉及玻璃固化体自身条件的变化[196]。

正常演化情景是分析其他情景的基础。一般假定正常情景演化中处置系统设计规范，且废物罐未受任何损伤。地面抬升引发地下水流的变化，而周围其他环境条件保持已有状态，非地震因素造成的岩石性能改变，不考虑人为入侵。废物罐受到源项和近场多场耦合作用的演化情景需要进行分析研究[2]。

正常演化情景下放射性核素释放对人类的辐射剂量主要满足以下几个条件：

①所有的外包装无缺陷（即制造、焊接、运输及放置过程完好）。此外，其他系统符合相关的安全要求；

②未来的气候条件维持现状；

③地下水流速与化学性质保持不变；

④岩石力学特性稳定（远场），特殊地质事件对天然屏障造成的影响不予考虑；

⑤未来的生物圈特征维持现状。

（2）非正常情景演化

①废物罐早期破损情景

废物罐早期失效情景的研究前提类似于基本情景，最关键的不同点在于，该情景研究中假设一些废物罐出现早期失效现象，失效原因可能是因为废物罐焊接质量、焊缝不合格等原因造成的废物罐轻微的破损。该情景分析涉及以下内容：

A. 失效废物罐的水化学演变，也就是水如何从轻微的破损进入废物罐，从而导致大量气体对其腐蚀最后对其造成不利的机械压力；

B. 失效废物罐内部的化学演变，包括钢衬层的腐蚀，玻璃固化体溶解和放射性核素的溶解；

C. 地质圈的水力演变，须在基本情景研究的基础给予更准确的描述；

D. 废物罐、燃料和地质圈中放射性核素的迁移；

E. 生物圈中放射性核素的迁移。

②地震致使缓冲层产生快速水力通道情景

构造活动在场址调查筛选过程中非常关键。通常要求处置库的建造环境非常稳定，构造活动稀少，而且对近场造成重大影响的断层活动或地震发生的可能性极小。然而由于考虑到安全评价中天然屏障的重要性，一般假定处置库关闭千年后，废物罐失效，区内发生强度较大地震，缓冲层因其影响产生快速水力通道，屏障作用失效，无法阻滞，核素随地下水快速渗透或穿过缓冲层。这也将缩短核素迁移至生物圈的时间，造成不确定的辐射影响。因此，非常有必要分析该情景模式。图 5.10 中粉色小短线表示地震引起的缓冲层中显现出快速水力通道。

③地震同时致使缓冲层和围岩发生快速水力通道情景

该情景描述为强地震致使缓冲层和完整天然屏障同时产生快速水力通道，即缓冲层和天然屏障的阻滞作用失效，会使核素迁移到生物圈的时间更短，并给处置库造成更多的不确定危险，从而产生更多的辐射后果。因此，也非常有必要分析该情景模式。该情景主要考虑扩散迁移模式在缓冲层与天然屏障的变化，其他情景依照正常情景演化。图 5.10 中蓝色粗线代表快速水力通道在该情景模式下的形成过程，而且还受到导水节理带的影响(见图 5.10 中的绿色细线)。

5.5 本章小结

情景开发与 FEPs 清单的筛选是高放废物地质处置安全评价过程中的必要环节。本章通过对情景开发的阐释以及主要技术方法的介绍与分析，重点开展了 FEPs 清单的筛选。具体内容总结如下：

（1）FEPs 的收集与归类。综合分析我国现有的放射性废物处置评价工作，特别是废物处置中对情景的认识和考虑。在收集 NEA、SKB、Nagra 的 FEPs 清单的基础上，结合我国北山预选区已筛选的 FEPs 以及塔木素预选地段与处置安全相关的场址特点，包括岩性、水文地质条件，气候条件等对塔木素泥岩预选地段的初始 FEPs 分类。

（2）初步筛选塔木素泥岩预选地段 FEPs 清单。在符合法律法规要求前提下，根据影响预选地段安全处置的内部因素和外部因素及分类框架对 FEPs 进一步筛选。筛选过程中排除发生概率极低、不产生严重后果的 FEPs，初步筛选出正常情景演化中影响预选地段安全评价的内部因素 FEPs 72 个；非正常情景演化中影响预选地段安全评价的外部因素 FEPs 92 个；与泥岩相关的 FEPs 52 个以及与生物圈相关的 FEPs 40 个。

（3）预期情景演化分析。从高放废物处置系统的源项、屏障体系以及地质介质的耦合过程等影响因素进行分析，结合我国预选地段的具体实际情况，重点考虑废物罐失效、屏障体系演化过程中产生快速水力通道的非正常情景演化，初步筛选出适合塔木素预选地段的评价情景。

6

塔木素预选地段安全评价指标与安全模型构建

预选地段安全评价指标与安全模型构建是高放废物地质处置实现安全目标的关键之一。本章通过建立塔木素预选地段评价指标体系，以为泥岩选址阶段的安全评价提供依据。

6.1 高放废物地质处置安全评价指标研究进展

安全评价指标的研究是安全评价技术研究的核心内容。其目标是为建立适合高放废物处置库场址和工程设计的安全评价框架体系[197]。安全评价指标是安全特性表征、安全性能评价（处置库屏障系统）以及总体安全性评价（处置工程）的基础和依据。切实可行的安全评价指标有助于处置库长期安全性能的评价，同时也可以对人类环境的潜在影响做出科学合理的预测。

国际上已建立放射性废物处置安全评价的基本流程（见图 6.1），我国“十一五”期间初步建立了高放废物地质处置安全评价的技术体系（见图 6.2），而安全指标体系的建立是整个框架体系关键内容之一。国际上的相关研究表明：核素释放、迁移的情景分析、特性演化、模型建立、不确定性和灵敏度分析以及屏障系统的安全特性演化预测是地质处置安全评价的关键[55]，因此安全评价指标的建立需基于这些要素。

6.1.1 基本指标

剂量和风险常作为地质处置安全评价的基本指标。ICRP 关于基本指标方面提出如下建议[18]：

（1）通过最优化的约束防护，降低辐射对公众的影响。主要考虑来自废物体对地质处置过程产生的辐射，且重点考虑在屏障系统中发生的概率。并就剂量或危险约束情况比较，目前其约束剂量值分别为每年 0.3 mSv 和 10^{-5}量级（等效值）。

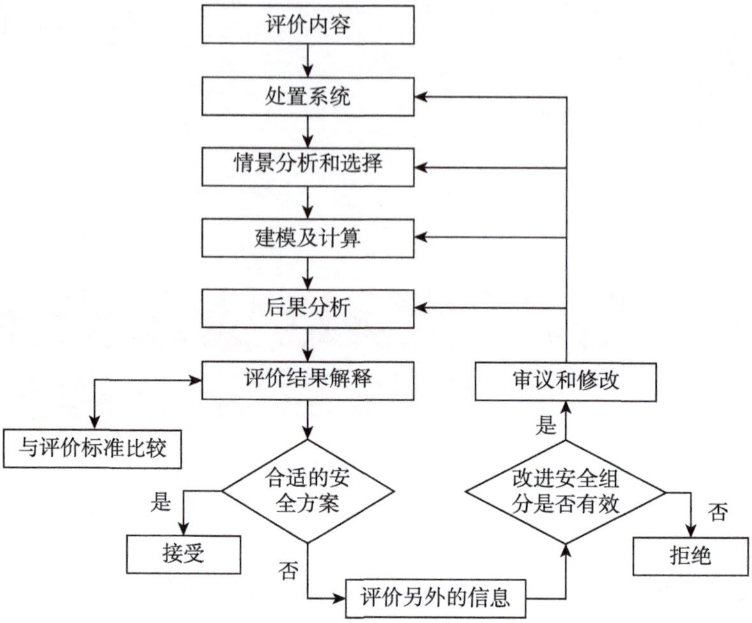

图 6.1　国际上安全评价的基本程序

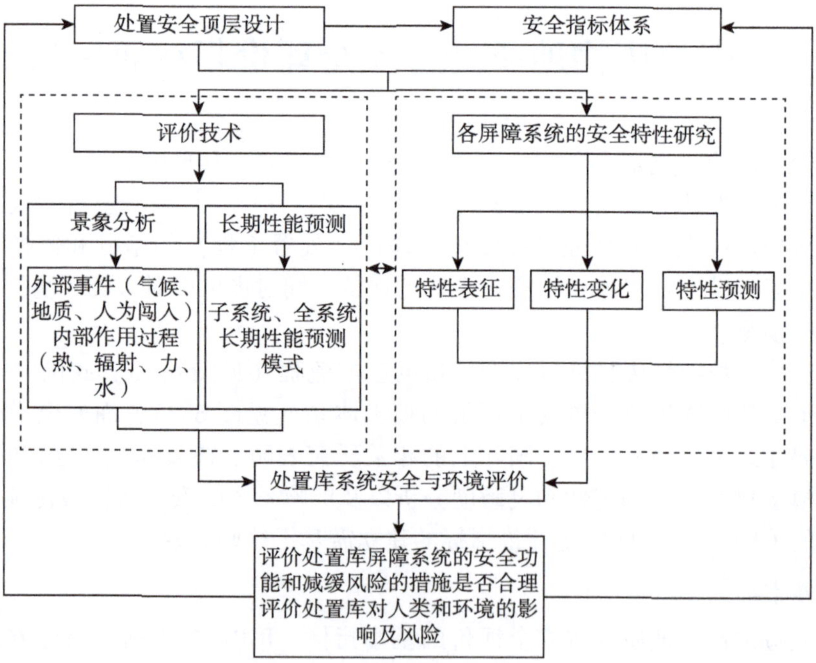

图 6.2　“十一五”期间初步评价技术体系

（2）为了获取可行性较强的安全指标，一般采用辅助安全指标。通过对环境监测来获取放射性核素的累积浓度或通量等（从地质介质到生态系统），以此优化剂量约束与危险约束。

（3）定量约束（具有研究价值）一般会有时限。因此，大部分国家把这个时间设定上限为 1 万年；从较大时间尺度来看，危险和约束剂量作为参考。有时，人工类比物或天然类比也会被用于研究安全评价。

（4）对于人类入侵，最优化的约束防护不太恰当。因此，该情景中最有效的办法是控制或减少其发生的概率，并进行适时干预。

因此，除以上考虑因素外，一些特殊的安全问题也需要特别考虑[198]。

6.1.2 辅助指标

除基本指标外，辅助指标也常用于高放废物地质处置安全评价过程，也就是通常所说的通量、时间和核素浓度等。辅助指标排除人类行为与生物圈等不确定内容，降低远期受照射可能的不确定性，以便增加评价结果可信度。确定辅助指标是安全评价研究的关键所在[19]。

高放废物的处置时间跨度非常大，因此辅助指标的确定与之联系紧密。要进行超大时间尺度（数万年甚至数百万年）的实验研究非常不可行。因此随着时间的推移，对于未来情景演化、相关预测数据以及有关剂量分析测算等的不确定性都在不断增加，而由此导致地评价结果的可信度却在随着时间推移逐渐降低。这就要求：

（1）未来情景演化需要进行系统分析；

（2）尽量排除以上评价指标的不确定性。

ICRP 第 81 号提议[22]：不可预测的未来，风险约束和剂量应看作某种参考值，并应充分认识讨论以判断是否满足要求。ICRP 第 103 号[19]更加注重非人类生物和保护环境，并在考虑处置库安全时，将其设定为一种判别的辅助指标。1991 年 IAEA 成立了相关工作组，且出版的首份报告重点讨论除基本指标外的辅助指标，以及其在不同时间范围内的可行性[10,199]。此后，1999 年详细评述了各类指标类型，尤其是辅助指标的应用。IAEA 将指标定义为衡量实行处置系统安全功能的相关特性及影响[80,199]。包含：

（1）可被直接测量的处置库系统相关特性（如处于地下不同空间位置的地下水放射性核素浓度）；

（2）根据现有的系统认识能够获取的特性（如，处置容器的寿命与穿透处置设施内不同界面的放射性核素通量）；

（3）能够通过计算处置系统的长期演化获得的特性（如剂量）。

根据以上定义，可将安全指标和性能指标的特征概括如表 6.1 所示。

表 6.1 安全指标与性能指标各自的特征

安全指标	性能指标
可供系统整体安全测度	可供全系统及子系统性能的测度
可以与某个安全数值比较	可不同方案间或技术标准间比较
考虑全部核素的贡献	考虑全部放射性核素或某个核素的贡献
可采用性能评价模型测算	可采用性能评价模型测算

除 IAEA、NEA 和 ICRP 等国际组织的提议外，国际上对辅助指标应用于高放废物地质处置安全评价的可行性也极为关注。在已有高放废物处置相关的安全法规标准中，大多

数因评价时间尺度的差异提出不同的要求，并涵盖了环境与地下水中放射性水平等其他要求。美国规定可定量评价处置库关闭后 1 万年以内的相关信息，并对期限内地下水中放射性核素的浓度做了详细限制，但处置库关闭后 1 万年以后，定量标准已不再适合于安全分析。瑞典要求在处置库关闭 1 千年后，需全面关注处置库特征、周围环境以及生物圈演化的所有可能事件。法国认为剂量限值仅对处置库关闭后 1 万年或更长时间作为参考。英国规定处置库中的核素释放不应致使环境中放射性明显增加。芬兰指出核素释放率的特定限制，仅对处置库关闭后数千年及之后的时间尺度有效。日本的 H12 报告显示以天然核素浓度为评价标准论证处置系统的安全性[50]。

简而言之，高放废物地质处置必须考虑极长的时间尺度。在数千年甚至数万年的时间尺度，剂量计算结果存在大量的不确定性，不能完全满足表征人类健康与环境安全评价指标的要求。然而应用浓度和通量等辅助指标有助于降低不确定性对评价结果产生的影响，提高处置系统安全分析可信水平，进而完善地质处置安全评价的相关指标体系。

6.1.3 安全功能与相应的性能指标

本质上来讲，性能指标和安全指标均用于处置系统安全功能的描述。区别在于前者一般描述整个处置系统，后者一般描述处置系统中的单个屏障或屏障组合，或间接或直接表示处置系统的安全功能。从安全功能出发，通过对各评价指标进行系统分析，可以得到安全功能与评价指标之间存在的间接或直接的对应关系。因此，可以利用这种对应关系，进行系统分析以获取对应于每个安全功能的指标。从隔离、低释放、阻滞和稀释四种安全功能出发，通过建立相应的评价指标，定量评估各种屏障系统对处置库整体运行性能的影响。

目前，针对长寿命固体放射性废物，其管理的根本策略是浓集和包容核素，而非稀释和散布在环境中[22]。根据处置系统的阻滞、隔离、稀释和低释放等 4 项安全功能要求。其隔离功能一般以隔离、稀释、包容来实现。处置库系统的安全功能可能会受到各屏障的演化和一些低概率的自然或人类行为的事件干扰。在此基础上，尽管没有一个模型能够完全涵盖处置库各屏障的演化速率以及这些屏障对低概率事件的影响。但是，考虑到工程和天然屏障的稳定性，以及人类闯入的可能，可借助限制各屏障系统的安全功能进而降低处置库各屏障演化速率和低概率事件造成的影响。

处置库系统的性能指标取决于安全功能，如表 6.2 所示。每个性能指标都充分反映了所描述的安全功能，而且不会相互重叠。为了更好的理解性能指标，仍采用类似的方法，即指标数值越小表明安全性能越好。

表 6.2　安全功能与相应的性能指标

安全功能	性能指标
隔离	在围岩中未被充分隔离的废物占处置库废物总量的比率
包容	源于岩石圈通量的时间积分和未被充分隔离的废物量的比率
稀释	在生物圈水体的的含量与包装容器内水中含量的比值

我国高放废物地质处置的前期研究工作，《规划指南》指出，2006—2020 年处于“试验室研究和场址选择”阶段，“安全目标、安全与环境评价方法学研究”与“高放废物地

质处置系统的性能评价”等内容属于地质处置安全评价的研究范畴。主要研究内容包括安全评价准则、安全评价指标体系、处置库情景分析、核素释放与迁移评价模式、安全评价与环境影响评价信息管理系统、处置条件下工程屏障性能的演化与预测等，目的是初步建立我国处置库选址阶段所需的安全评价模式和程序，从长期安全角度为处置库场址筛选、处置库概念设计方案优化等反馈意见，实现处置库选址、处置工程和安全评价的协调互动。

在安全评价过程中，已筛选的场址以及未来在此建造的处置库是其评价的重点对象，且正常情景和非正常情景产生的辐射危害是其评价的核心内容，而研究的重要方法为对危险的辨识和合理的建模[55]。

高放废物地质处置安全评价需从普适性评价逐渐发展为特定场址和工程设计的特定评价。在高放废物处置工程研发初期，主要是进行处置方案和场址的筛选，所获得的资料和数据非常有限，适合采用普适性的简单、偏保守评价技术；随着研究的发展，所获得信息和数据也在不断地充实，场址条件和工程设计也不断地精细化，且认识也逐渐清晰，这就需要采用一种综合、系统的评价技术；到申请建造处置库阶段，场址和工程设计都已确定，均需要采用特定评价。

6.2 预选地段安全评价指标选取依据与处理

Safety case 是安全评价的一个重要组成部分（见图 6.3）。本书将 IAEA、NEA[26,200-201] 及其他有核国家在 Safety case 研究方面累积的技术方法和关键应用相结合，基于我国的地质处置安全评价技术，对预选地段安全评价指标进行了选择分析。

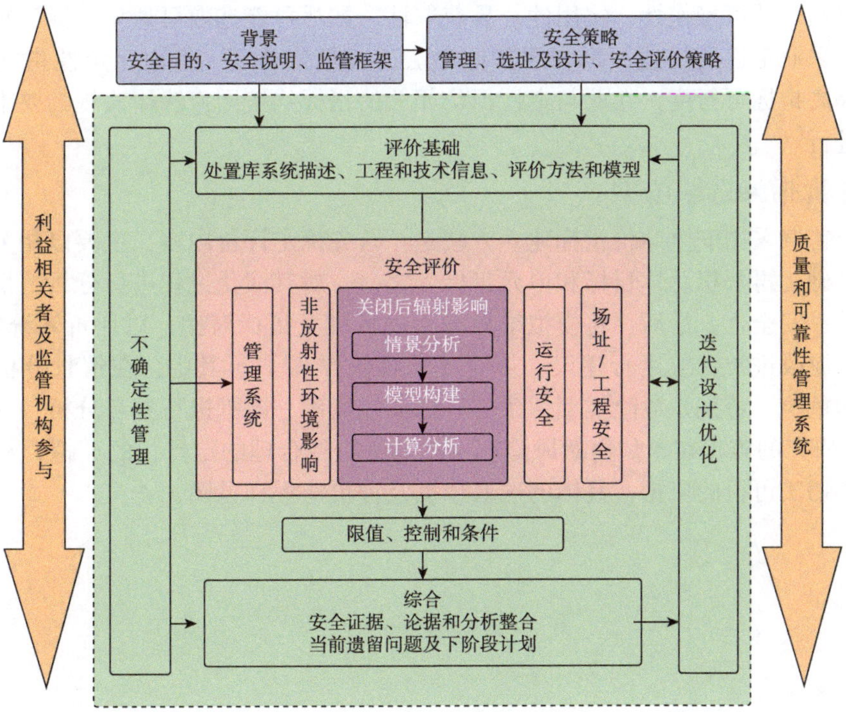

图 6.3 Safety case 的组成

6.2.1 指标体系构建原则

评价指标体系为处置库选址安全评价奠定基础，必须从处置库安全涉及的多角度出发。由于高放废物深地质处置的涉及内容比较广，包括地质条件、自然地理条件、社会经济等多个方面。因此在选取指标时要考虑主要因素，且遵循一定的原则。

（1）科学性原则。评价指标的选择要满足客观性和科学性，且可以较好衡量研究目标。即按照科学理论，高放废物深地质处置安全评价的每一个指标都应有科学内涵。

（2）综合性与代表性原则。评价体系应具有适用范围广、评价性强的特点，即所选指标与任意处置库安全评价相适应，但现实中，由于考虑因素和评价目标不同，且结合不同处置库场址各自的特性，许多指标具有一定的局限性。因此，应结合实际情况进行指标选择。由于预选地段涉及自然地理、地质、社会经济等多个方面，影响因素复杂，不可能考虑所有因素，故需选择有代表性的评价指标，并能准确反映高放废物深地质处置安全性能的本质。

（3）真实性和完整性原则。高放废物深地质处置安全评价指标应是完整的评价系统，但因不能够考虑全部指标，故选指标必须能反映处置库安全的整体情况与内涵，同时，应避免指标的重复。评价指标选取时，必须全面、真实地反映预选地段安全评价所涉及的总体概况，形成一个可分析的系统，保证评价结果可信、完整。

（4）动静结合原则。指标体系要综合反映处置库安全评价系统持续的状态及发展过程。处置库安全系统是持续发展和变化的，所以要将评价指标的动静结合起来进行考虑[202]。

（5）层次性与可操作性原则。地质处置过程是安全及风险控制的复杂系统。要建立可行的指标体系的必须考虑综合影响因素，并使其有序分层、相互关联、相互约束。同时要满足选取指标的可操作性、实用性、易获取性，如尽可能选取可量化指标，难以量化的指标，可以采取定性的描述，再利用其他方法进行量化处理。但由于定性指标主观性较强，为了提高指标可行度，在此与定性评价相关的指标均按国家法律法规的要求及相关的专家建议进行[203]。

6.2.2 评价指标选取依据

国际上普遍采用安全评价指标建立方法是：首先确定评价内容，主要以相关资料和现场调研为基础；再分析总体目标和单元目标；之后，对其演化过程进行分析，情景模拟分析其危险性、安全性；最后，将模拟结果与相关标准及指标对比，以评价系统安全性能，同时给出相应改进技术或运行建议，从而寻求最佳方案[55]。其中，在情景分析时，不能忽略潜在的危险，特别是危险类型、条件、性质、概率、范围进行重点分析，并估算其概率[204-205]。研究的难点在于如何对风险产生的情景进行合理的定量化的模拟，从而为最终的决策提供切实可行的依据，具体的选取依据及评价流程详见图 6.4。

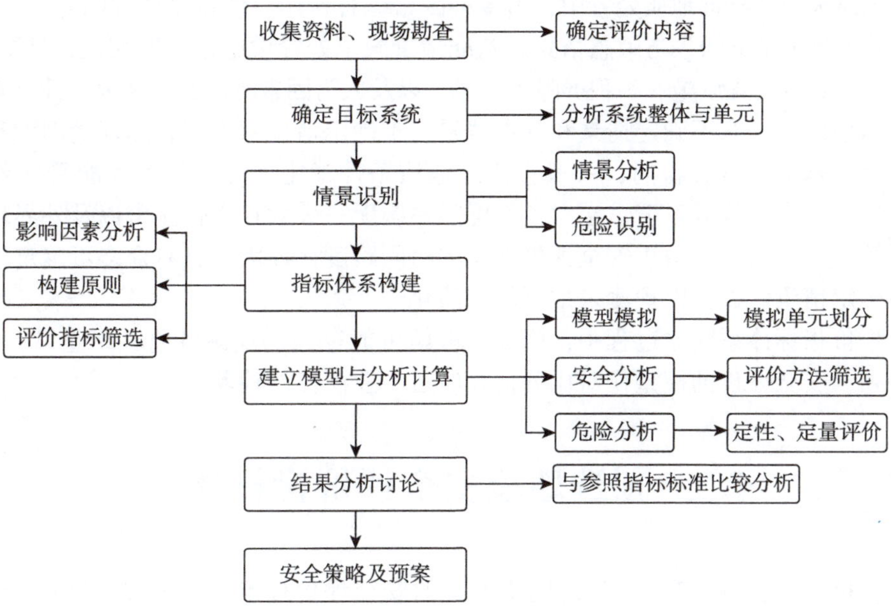

图 6.4　安全评价指标选取依据及处理流程

安全评价指标选取一般依据评价过程中的不确定因素及存在风险情况进行分析。目前，安全评价工作，因人类认知的局限性，主要围绕高放废物地质处置情景、模型、数据库分析，即：系统演化、未来环境、人类行为分析情景的不确定性；模型选择的随机性、预测结果及运用公式模型的简化产生误差的不确定性；数据库在获取数据、验算过程及类比时产生的误差。[194,206]。

未来情景的不确定性是高放废物地质处置安全评价指标体系选取及处理的重要分析研究对象。当前情景分析主要从屏障隔离失效情景和地下水情景角度进行分析，如下图 6.5 所示。

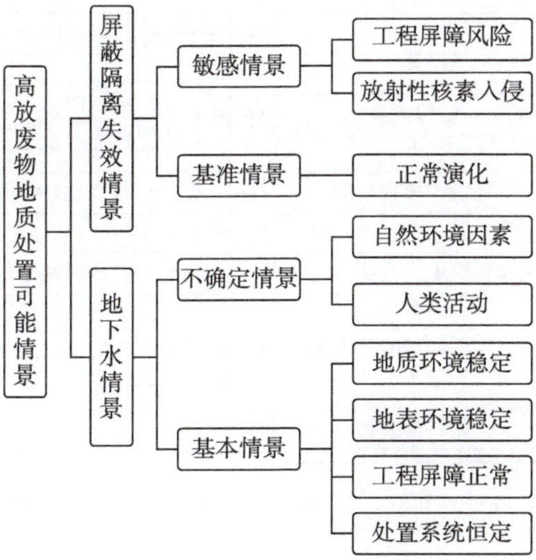

图 6.5　安全处置的情景分类

屏障隔离失效情景即地质处置中，由多种因素综合作用，使得系统屏障防护功能失效。特定的失效情景为基准情景与敏感情景。基准情景假定处置设施按预期演化，且结果最佳。敏感情景重点假定处置设施、工程屏障不理想，以及人为因素等问题加速放射性核素扩散。

地下水情景主要有不确定情景和基本情景。不确定情景考虑因自然环境因素和未来人类行为影响。基本情景分析前，一般会假定地质条件稳定、围岩相关性能受外界影响较小、预期内地表水与气候环境恒定、工程屏障系统无一失效且工作正常以及外界环境不干扰处置系统的安全功能。由于安全评价涉及的时间跨度比较大，且有众多不确定性，所以一般对不确定情景假设，以预测未来可能的演化[53,205-206]。

安全评价指标体系建立过程中，应综合考虑可能存在的遗漏并将其尽量减少或避免；此外，必须与安全评价的模型作对比分析并经过专业严格的检验。

6.3 预选地段安全评价指标体系

目前，IAEA 尚未设定高放废物地质处置的安全评价标准。一般以风险因子（risky）或剂量（dose）为主要指标开展安全性能评价[207]，见图 6.6。欧洲常系统评价放射性，其结果用辐射量衡量；美国通常用工程的稳定性来评价系统的性能。这类指标的优点在于概念简明，且已为大多数人所接受。此外，在评价指标中，辐射剂量是最常见的一种，也获得了大家的广泛认同，但仅有的缺陷为，没有考虑人类被辐射的可能。风险因子则考虑未来因素，二者在本质相同。除以上两种评价指标，目前国际上还建议使用一些辅助指标进行安全性评价。

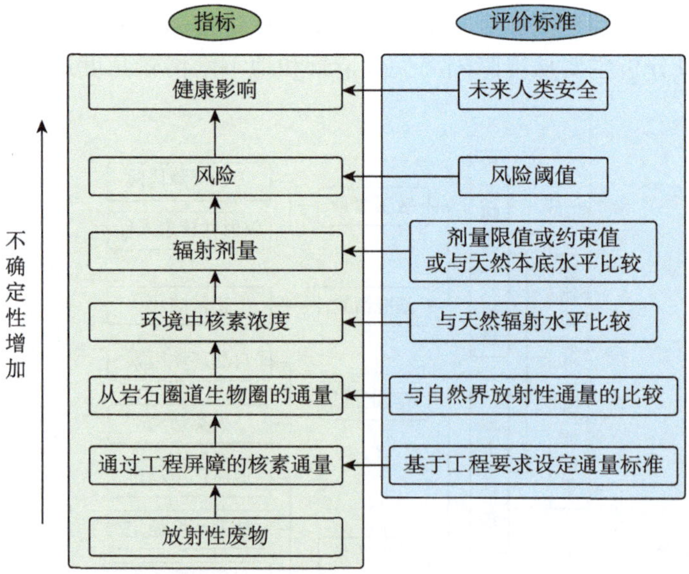

图 6.6 IAEA 提议的地质处置设施安全评价指标体系[11]

对预选地段进行安全评价时，选择的指标体系应具有相关性、可靠性、直观性和简单实用等特点。该指标直接应用于安全评价系统可对处置系统性能评估和确认，并可控可检验。为验证其安全性，国际上进行了大量表征性研究。

6.3.1　安全评价指标模型

高放废物的地质处置涉及5个圈层，即生物圈、岩石圈（包括开挖扰动带）、缓冲回填层、含水层以及废物罐（玻璃固化体）等。且在处置库研究的各阶段均是系统而复杂的过程[198,208-210]。因此，在高放废物地质处置过程中，需要考虑的因素非常复杂。研发工作主要涉及地质、水文、地理、岩石力学等多个学科领域，其中详细的设计内容涵盖了各个领域，包括自然科学、社会科学。目前高放废物地质处置研究采用多重屏障系统。本书在评价指标建立过程中按照存在形式分为工程屏障与天然屏障。工程屏障指废物体、包装容器以及缓冲/回填/密封材料。天然屏障包括围岩及其相关地质介质，按发挥的性能分为隔水屏障、阻滞屏障以及抗侵扰屏障见图6.7。

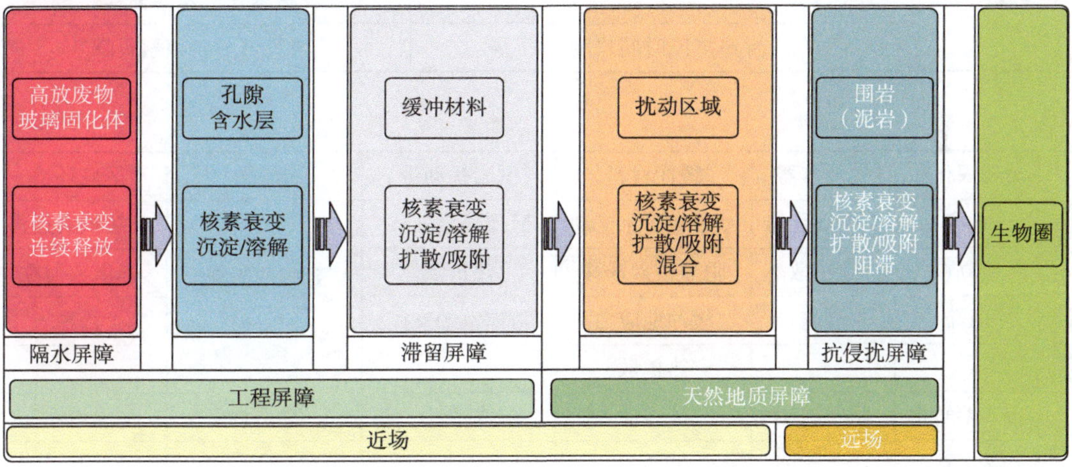

图6.7　预选地段高放废物地质处置的评价指标模型

6.3.2　指标体系的建立流程

（1）调研、分析与归纳国外（如法国、瑞典、瑞士、比利时等）高放废物处置相关研究成果，初步考虑工程屏障及围岩扰动带、围岩和区域环境等屏障系统的安全特性。

（2）从安全评价与性能评价的基本指标以及辅助指标出发，分析总结安全评价与性能评价的各种指标。

（3）屏障系统安全指标的分类与分级。建立与安全评价相关的近场、远场及生物圈的重要安全指标体系。根据各屏障系统分类，建立与各屏障系统及场址评价相关的指标体系。

6.3.3　安全评价指标体系

在高放废物地质处置技术研发过程中，确定评价指标是十分重要的环节。目前，我国尚无明确的规定，如以何种数值作为主要指标，应借鉴国外经验提出的具体建议。国内应借鉴先进国家的成熟经验，及早进行这一领域的研究，并尽早制定相应的标准。并在此基础上，对每个子系统建立完整的技术性能指标体系，以适应安全性能的要求。参照我国高放废物地质处置安全评价建议（见表6.3），根据影响各屏障系统所具有的安全功能和安全特性对相关指标需要关注的重点内容进行描述（见表6.4），得出各屏障系统涵盖的具体评价要素。

表6.3 地质处置安全评价建议指标

指标			作用范围（放射性核素）
安全指标	系统关闭后	有效剂量	早期（<1千年）
		放射性浓度（生物圈）	中期（1千年~1万年）
		放射性通量（岩石圈）	远期（>1万年）
性能指标	屏障中	放射性总量	不同阶段核素分布
	屏障外		核素释放延迟
	屏障内		核素在屏障内稀释
	穿越屏障时间尺度		毒性释放各核素贡献

表6.4 影响各屏障系统安全功能与安全特性的指标描述

	玻璃固化体	包装容器	缓冲材料	围岩扰动带	围岩	区域环境
安全功能	包容	支撑固化体	减缓地下水流动	延缓核素迁移	延缓或阻滞核素迁移	延缓核素迁移
	释放	热扩散	阻滞核素迁移	热扩散		弥散放射性
	阻滞	隔离	缓冲地应力	对硐室的支撑		稀释
			热扩散			
安全特性	玻璃溶解性	耐腐蚀性	渗透性	渗透性	渗透性	渗透性
	稳定性（结构、力学、热）	力学特性	核素迁移	核素迁移	工程地质稳定性	核素迁移
	核素浸出	热传导性	力学特性	热传导特性	核素迁移	气候变化
			稳定性	力学特性		环境稳定性

塔木素预选地段围岩以块状泥岩为主，其岩性具有良好的连续性和均一性，并且具有较好的固结度，岩石结构致密，天然含水率低，以沸石、白云石和伊利石等粘土矿物为主要矿物成分，具有良好的阻滞和吸附性能；与法国处置库粘土岩相比，塔木素预选地段泥岩渗透率低、吸附能力强、抗压强度高，拥有更好的物理化学、水力学等性能。然而，泥岩也存在机械强度低、热传导率低等缺点，可能增加建造困难与未来处置库内的温度较高等问题。因此，本书在建立塔木素预选地段安全评价指标体系过程中，着重考虑预选地段围岩的稳定性、热性能、水文地质、力学特性、地球化学特性以及相关的选址标准等。最终建立了近场、远场及生物圈的关键性安全指标，以及与各屏障系统分类相关的安全指标与预选地段评价指标（见表6.5~表6.6）。

表 6.5　按照近场、远场、生物圈分类的安全指标体系

近场		远场	生物圈
废物罐密度	开挖扰动区分配系数	围岩密度	含水层密度
瞬时释放率	开挖扰动区扩散系数	围岩孔隙率	含水层孔隙率
废物罐孔隙率	围岩扩散系数	裂隙间距	区块长度
腐蚀产物扩散系数	围岩分配系数	裂隙宽度	延散度
缓冲/回填材料密度	地下水流速	阻滞与吸附系数	地下水流速
缓冲/回填材料孔隙率	裂隙宽度	地下水流速	抽水量及饮水量
缓冲/回填材料扩散系数	裂隙间距	围岩扩散系数	剂量转换系数
缓冲/回填材料分配系数	溶解度限值	围岩分配系数	分配系数

表 6.6　按照各屏障系统分类的安全指标体系

	玻璃固化体	包装容器	缓冲材料	围岩扰动带	围岩	区域环境
安全指标	浸出率	腐蚀速率	渗透系数	渗透系数	矿物组成	渗透系数
	玻璃体溶解率	热传导系数	热传导系数	热传导系数	热传导系数	水动力弥散系数
	抗弯度	强度	核素扩散系数	核素扩散系数	核素扩散系数	核素扩散系数
	热容	临界氢浓度	分配系数	分配系数	渗透系数	分配系数
	热导率	延伸率	膨胀系数	岩石强度参数	分配系数	地质事件概率
	热膨胀系数	断裂韧性	变形模量	水动力弥散系数	水动力弥散系数	气候变化趋势
	析晶量/率		水动力弥散系数		地应力分布	
	相组成				力学性能相关参数	

地质环境的长期稳定性、有效围岩的连续性以及对核素的阻滞能力是处置库选址（泥岩）过程中需要考虑的关键因素。场址筛选时，社会、政治、经济等因素也是无法回避的重要问题[207]。同时，鉴于塔木素预选地段泥岩的特殊性，在泥岩场址筛选时，除了考虑一般筛选标准外，还应注重辨识预选地段岩层深部的矿物成分、力学性能、微观结构与地质构造，从而降低核素迁移风险以及不可预见事件带来的不确定性，提高处置库关闭后安全评价的可信度[209]。因此对于塔木素预选地段泥岩作为处置库围岩的安全性能将是本书重点的研究探讨内容。

6.4 选址阶段安全评价建模研究

6.4.1 评价模型构建

评价模型构建大致为概念模型建立、数学模型建立以及计算机程序实现 3 个步骤。概念模型为安全评价服务且是构建总体框架的分类基础。概念模型可进行定性和定量分析，若可以量化为数值模型公式并可获得数据就用定量方法进行安全评价，否则进行定性评价。一般同行专家对概念模型和数学模型进行不确定性评价。人们习惯用简单且高效的计算模型。对于模型简化带来的不确定性通常以收集数据方式补充说明。另外，可以用模块化方法审查计算结果以系统获得详实内容。

不确定性处理是评价模型构建的基础。因此在进行安全评价时，其不确定性一般指：情景、模型以及模型输入条件的不确定性。

（1）情景的不确定性。由于人类对生物圈环境变化、地质过程以及其他超长时间跨度内认识的局限性，所以对其不确定性无法预判。鉴于此，一般采用多个不同情景来分析评价结果，以进行情景有效处理。分析情景不确定性对系统演化影响及能够被接受，评价结果是否达到安全要求以改进处置库设计，或降低该不确定性，再进行评价。

（2）模型的不确定性。由于模拟过程信息获取的不完全性，以及模型简化和求解方法的不确定会造成诸多不确定性，一般通过模型间比较以及模型预测结果与真实观测值对比进行处理。

（3）模型输入条件的不确定性。一般指源项、近场、远处以及生物圈等特性存在差异而产生的不确定性。一般采用敏感性分析来处理。此外还采用传统的假设法。但应关注评价方法的科学性，以及决策的前瞻性。在安全评价中需要着重考虑如何从传统的计算模型中选取合适且更符合复杂现实的参数。这与评价目标、监管要求、输入数据详实、对模拟现象的认识、场址和设备的复杂性等多个因素密切相关。

评价模型的构建一般也通过分析描述未来可能的情景演化过程，对可能性进行定量分析。地质处置评价模型一般模拟废物罐失效，放射性核素溶解后浸出，因地下水流作用，穿越地下层并进入到生态系统。因此，在模拟计算过程中，必须考虑核素迁移。一般模拟过程中，以地下水情景为基本情景模拟核素迁移通量。有时还进行情景假定模拟进行敏感性分析。最后，对比模拟结果和评价标准，判定该系统安全性能[211-212]。

6.4.2 模型验证

建模工作的可信度主要从数学方程检验的精确性和模型重现角度考虑。因此，在进行地质处置安全评价时，模型的校正与验证必不可少。

（1）验算

数学模型中所用方程是否满意，通常设计一些检验性问题进行验证解决。问题求解过程中就是方法的验算过程。一般运用不同的方法和运行结果进行反馈，而所得的结果对模型校正以提高置信程度，进而验证所用方程求解方法的正确性。

（2）校正

校正是为了降低使用概念模型与参数的不确定性，从而进行预测值与观测值或实验值比较。因此，校正就是利用地质处置特定场址及其数据输入条件，进行场址预测结果与所测数据比较。

（3）验证

为了验证计算结果与经验数据的一致性，一般尽可能进行模型验证。校正与验证的区别在于，校正是对特定场址模型的调试，而验证则为了结果的可靠性。当然也可以通过天然类比或气候类比进行局部验证。即模拟结果与处置设施的部分特征的观测结果对照，或者与场址特性评价或实地测试资料及运行阶段的实测结果相比较。

6.4.3 模拟分析

各种情景案例的参数化模型计算评价，可大范围进行场址、设计资料以及概念模型等信息敏感性和不确定性分析，并讨论获得适宜情景。进而利用各种不确定性和参数之间的相关性，选择合适的方法解决相关问题。

描述计算输出应提供充足结果，这些结果不仅要与最终评价的目标相比较，而且还需要与其他可选的安全或性能指标相比较。要提高人们对评价的认知程度，实现评价的可追踪性，就必须在安全基本指标的基础上，增加/补充各类辅助安全指标。

目前普遍认为，放射性核素的迁移主要通过水里通道，经过各屏障系统进入生物圈[213]。因此，核素在地质处置过程中的溶解和迁移行为是其安全评价的关键。基于情景分析，模拟研究可以对处置系统的各种可能演化过程进行描述并对其进行定量分析。然而由于其处置过程系统而复杂，这就决定了对核素的溶解和迁移进行模拟非常庞杂的工程。

在此涉及很多问题，如热力学、岩体力学、地球化学、水文地质、地下水渗流以及溶质迁移等。本书提出在多种耦合作用下建立模型。具体进行模拟时，首先，以典型辐射热致使的情景变化，其次，以地下水基本情景为出发点，对其进行数值模拟，得出在基本情景下，水饱和的过程，进而模拟核素向生物圈的排泄；还可以构建一系列不确定性的情景，对不同情景下的安全性评价结果进行模拟，分析其对安全性评价不确定性因素的影响程度以及模型参数的灵敏度；最后，将所得模拟结果与安全标准比较，为国内预选地段的安全评价提供科学的依据。

6.4.4 安全评价结果分析

对模型及结果进行分析后，重点研究以下几点：

（1）核素迁移方式以及对其迁移产生影响的滞留物质；

（2）选取可以降低几个数量级的限制核素迁移密封材料；

（3）巷道与屏障的选取，对物理特性、核素迁移以及安全评价结果的影响；

（4）核素迁移因乏燃料降解其通量产生数量级的变化，并产生明显的影响。

对于普遍认可和理解的安全评价，必须通过多种途径表述评价结果。在决策阶段，评价结果一般与监管标准对比来论证其合理性。因此，安全评价成果的详细解释包含以下要素[85]：清晰描述场址、设计方案及待处置废物的盘存量；描述相关物理特性概念；情景开发的依据；描述的假定和简化；信息资料数据及软件的可靠性；安全评价结果的描述。

安全评价结果是对未来预期演化不确定性的预测，为增强对预选地段安全的长期信任提供直观证据，也可借助自然类比等证据进行补充研究。安全评价结果有助于处置设施的设计、废物管理标准的制定，还可以为各组成部分的防护性能、人员管理决策等提供有关信息。

6.5 本章小结

安全评价指标体系是地质处置安全评价的重要内容，是处置库选址、建造、运行以及关闭后安全评价的重要基础。因此，构建塔木素预选地段安全评价指标体系是围岩安全评价的重要依据。现将本章内容总结如下：

（1）预选地段安全评价指标体系构建。在调研高放废物地质处置安全评价指标的相关理论及研究成果基础上，根据评价指标体系建立的相关原则、依据及流程，构建预选地段地质处置安全评价指标模型。着重考虑塔木素预选地段的稳定性、热特性、化学特性、水文地质、力学特性等基础上，分类筛选了近场、远场、生物圈相关的 32 个安全评价指标、各屏障系统相关的 41 个安全评价指标。已构建的指标体系有利于塔木素预选地段进行较全面的安全评价。

（2）初步建立塔木素预选地段安全模型。情景、模型和模型输入条件的不确定性是评价模型建立过程的核心。未来情景的不确定性是泥岩预选地段安全评价指标体系构建的挑战。选址阶段安全评价建模研究以情景分析为前提，进行模型验证、模拟、评价结果的相关分析。重点探讨对核素迁移产生的明显影响，为后期高放废物地质处置选址阶段的安全评价提供一定参考。

7

塔木素预选地段围岩安全性评价分析

在确定塔木素预选地段安全评价指标体系的基础上，进一步确定塔木素泥岩作为处置库围岩的稳定性及安全性研究是非常关键的一步，直接影响到未来处置库安全性能评价的准确性。本章在前文所研究的预选地段情景分析、安全评价指标体系构建基础上，结合当前安全评价技术研究现状，主要从该段泥岩作为处置库围岩的安全性能方面展开评价，为预选地段当前进行工程地质建造提供安全方面的技术支持。

7.1 围岩安全评价指标确定

7.1.1 国内外安全评价指标对照

目前国内外有关处置库围岩的安全评价研究已有许多不同的方法，但研究过程中均选取了相应的评价指标。本书通过调研、分析与归纳国外高放废物处置相关研究成果，主要参照德国、瑞士粘土岩的基本准则与评价指标，详见表 7.1～表 7.2。初步从 THM 耦合作用角度考虑围岩和区域环境屏障系统的安全性。

表 7.1 德国粘土岩的相关选址指标[214]

性质	指标/单位	差	中	好
地下水	流速/（mm/a）	>1	0.1～1	小于 0.1
母岩厚度	厚度/m	50～100	100～150	>150
渗透能力	围岩渗透性/（m/s）	—	10^{-12}～10^{-10}	<10^{-12}
围岩延展	面积/10 km^2	<2 倍	2 倍	>2 倍
分子扩散	扩散系数/（m^2/s）	>10^{-10}	10^{-11}～10^{-10}	<10^{-11}

续表

性质	指标/单位	差	中	好
围岩稳定性	与断层距离	<100 m	100 m~3 km	<3 km
	地质历史稳定时间	<100 万年	100 万~1 000 万年	>1 000 万年
有效隔离区	距地表高度/m		300~500	>500
岩体性质	分布	不均质变化	均质变化	均质
温度耐受力	极限温度/℃（化学变化）	<100	100~120	>120
渗透性增加（温度变化）	100 ℃时，近场的拉应力强度/MPa	<4	4~8	>8
渗透性均质性	变化区间/（m/s）	>100	<100	<10
核素吸附性	可达 0.001 m^3的核素	—	U，Np，Pu，Tc，Zr，Cs	U，Th，Pm，Pu，Np，Tc，Zr，I，Pa，Cs，Cl
	强吸附矿物含量高	粘土矿物，铁锰氢氧化物，水合物		

表 7.2　瑞士所选择粘土岩的基本准则与评价指标[215]

性质	要求类型	差	中	好	排除条件
地震速率 *Vp*/（m/s）	BS	非强地震	有轻微地震	非地震带	—
火山活动	MA/BS	—	—	—	无
埋深/m	MA	—	—	—	400~900
与矿产资源距离/km	MA/BS	>2	>5	>10	围岩无矿产资源，不影响附近采矿作业，距离<2
地热储能/（MW/m）	BS	>0. 012	0. 004~0. 008	<0. 004	
地质稳定性	MA/BS	强地质活动	偶发地质活动	地质活动稳定	可预测性差
温度	BS	需工程控制	—	无影响	—
粘土矿物	MA	—	—	—	>25%
粘土矿物，云母沸石等	BS	<4%	4%~40%	>40%	—
氧化还原性/（g/L）	BS	强酸性离子浓度>1	无硫铁矿，还原环境	有硫铁矿，还原环境	—
离子强度/（mol/l）	BS	<0. 005，>0. 7	0. 01~0. 7	0. 005~0. 01	—
pH	BS	>9，<6	6~7	7~9	—

续表

性质	要求类型	差	中	好	排除条件
微生物/μm	BS	—	有养料和空气，孔隙>1	孔隙<1，无养分和空气	—
胶体	BS	有机物>10^{-4}，胶体过滤性差	有机物 10^{-6}~10^{-4}，胶体过滤性差	胶体活性差	—
气体	BS	须工程导气	间或需要工程导气	气体自然排除，无损伤	—
钙化（水媒介）	BS/MA	已有可能	不能排除	无	有明显迹象
渗透性（水）/（m/s）	BS	10^{-11}~10^{-10}	10^{-12}~10^{-11}	<10^{-12}	>10^{-10}
裂隙自愈合	BS	不明显或没有	一般	明显	—
围岩体积/km^2	MA/BS	可用地段少	部分地段空间可处置	处置空间充足	<4
围岩均质性	MA/BS	均质部分少	均质部分较多	均质性完整	均质部分极少
力学性质/MPa	MA/BS	5~20	20~100	>100	成岩不足，存在力学性质极差部位
核素迁移路径	BS	其他	其他	无可识别路径	路径明显，吸附性差
对应岩石工程经验	BS	无	类似岩石施工经验	长期从事该岩石施工经验	—
岩石有效隔离区/m	VA	—	—	—	>400
围岩厚度/m	MA	—	—	—	距岩石边界>40
与地质裂隙距离/m	MA	—	—	—	<200
围岩容量	BS	—	2×废物体积	4×废物体积	—
开挖损伤所致迁移路径/m	VA	—	—	—	5

备注：BS（描述型）、MA（排除型）、VA（更高的量化标准），表中所用的时间尺度均为百万年内。

表 7.3　与国内外典型粘土岩围岩的相关参数对比分析

特征/参数	Callovo-Oxfordian at Bure（法国）	Opalinus Clay in the Zurcher Weinlianda（瑞士）	Opalinus Clay at Mont Teri（瑞士）	Mol Boom clay（比利时）	塔木素泥岩
沉积的年代	middle Callovian to lower Ocfordian 145Ma	Aalenian（Dogger）180Ma	Aalenian（Dogger）180Ma	Rupelian 30Ma	137Ma
成岩过程中最大温度	33~38	85	85	80	<100
目前的埋深/（中心，m）	488	596	275	190~290	300~800
最大的埋深/（中心，m）	850	1650	1350	—	未揭穿
超固结比	1.5~2	1.5~2.5	2.5~3.5	—	—
厚度/m	138	113	160	100	320
地震速率 *V*p（m/s）纵波	3000~3200	3030	2620	—	3164
产状	近水平方向 0°	6°	6°	6°	<6°
构造活动情况	稳定	稳定	稳定	稳定	长期稳定
连续性	较好	较好	较好	较好	好
粘土矿物/w%	25~55	54	66	60	<10%
粘土矿物包含的种类	伊利石、蒙脱石、混合层、绿泥石、高岭石	伊利石、蒙脱石、混合层、绿泥石、高岭石	伊利石、蒙脱石、混合层、绿泥石、高岭石	伊利石、蒙脱石、伊利石-蒙脱石混层以及高岭石	伊利石、蒙脱石、高岭石
石英/w%	20~30	20	14	15~35	<21%
长石/w%	1	3	2	5~10	21.7% ~ 43.47%
方解石/w%	20~38	16	13	1	<36%
白云石/铁白云石/w%	4	1	1	1~6	23.52%~60.65%
菱铁矿/w%	<1	4	3	—	—
黄铁矿/w%	1~2	1.1	1.1	1~5	<19.6
方沸石	—	—	—	—	27.6% ~ 39.12%
有机碳/w%	0~1	0.6	0.8	1~5	<1
CEC/（meq/100 g 岩石）	11~22	10.6	11.1	—	6.93~38.2
矿物/（mg/L）	6530	12898	18296	—	—
地下水 pH	—	—	6~9	—	8.3
Eh/（mV）氧化还原	<-150	-170	-227	—	17.7~203.2
干密度/（Mg/m^3）	2.3	2.52	2.45	2.67	2.67

续表

特征/参数	Callovo-Oxfordian at Bure（法国）	Opalinus Clay in the Zurcher Weinlianda（瑞士）	Opalinus Clay at Mont Teri（瑞士）	Mol Boom clay（比利时）	塔木素泥岩
水含量	8.6	4	7.03	—	5.23
含水率	2.8~8.7	—	5~8.9	25~30	1.1~8.56
总的孔隙率/%	12	7	3.0~12.0	3.6~12.0	5~24.6
自然孔隙率	0.14~0.18	0.12	0.16	0.35	—
阴离子可达孔隙度	0.09	0.06	0.09		5.51%~10.99%
孔隙水类型	$Na-Cl-SO_4$	$Na-Cl-SO_4$	$Na-Cl-SO_4$	$Na-Cl-SO_4$	$Ca-Na-Cl-SO_4$
块体密度/$g\cdot cm^{-3}$	2.32~2.61	2.50~2.60	2.50~2.60	2.67	2.45~2.67
剪切力/MPa	4 000，1.3	5 500，2.1	3 600，1.6	—	—
内聚力/MPa	6.4	8.6	5	—	1.52
摩擦角力	2.9	25	25	18	42
泊松比	0.17~0.4	—	2.1~3.5.2.8	0.4	0.14~0.48
单轴抗压/MPa	12~49	30	4~8	2.0~2.2	56.48~117.6
弹性模量/GPa	2.3~11	10.3~13.5	10.3~13.5	1~20	3.11~12.28
抗拉强度/MPa	0.9~5.4	2.1	1~2	—	4~16
液渗透率/m^2	10^{-20}~10^{-18}	10^{-13}~10^{-11}	10^{-13}~10^{-11}	10^{-19}	10^{-20}
液测渗透系数/(m/s)	10^{-11}~10^{-13}	垂直：2×10^{-14} 水平：10^{-13}	10^{-13}~10^{-11}	垂直：2×10^{-12} 水平：4×10^{-12}	10^{-12}
热传导系/$W\cdot m^{-1}K^{-1}$	1.47	1.4~1.7	1.4~1.7	水平 2.33 垂直 1.77	1.12~1.64
比热容/$J\cdot kg^{-1}K^{-1}$	785	840	840	740	609.98~778.41
热扩散系数/(m^2/s)	0.774	0.68~0.83	0.68~0.83	水平 1.30 垂直 0.99	0.63~0.96

7.1.2 围岩安全评价指标筛选

处置库围岩的安全性能受许多因素影响，如岩石的物理力学特性、承受荷载能力、构造发育情况、水赋存状态等[216]。众多因素中，围岩的坚硬程度和完整性程度起主导作用，其次岩石的构造发育情况和物理力学性质是岩体基本特性的体现，另外处置库围岩地质条件的差异性对工程的安全性影响也不同。在此根据围岩选取分类指标系统性、科学性、针对性、数据易获取性的原则，针对高放废物处置库围岩的赋存环境特点，借鉴《高水平放射性废物地质处置设施选址》准则及泥岩围岩安全评价指标的选取标准，整合分析国内外典型粘土岩围岩的相关参数（见表 7.3）。在实现定性与定量结合基础上，尽量选取独立可量化的评价指标。对比分析定量描述型的围岩综合特性以及围岩破坏模式（见图 7.1），结合塔木素围岩（泥岩）破坏时所受影响的微观与宏观关键因素，从矿物特性、物理特性、力学特性、水热特性等四个方面选取 20 个评价指标分析评价其安全性。

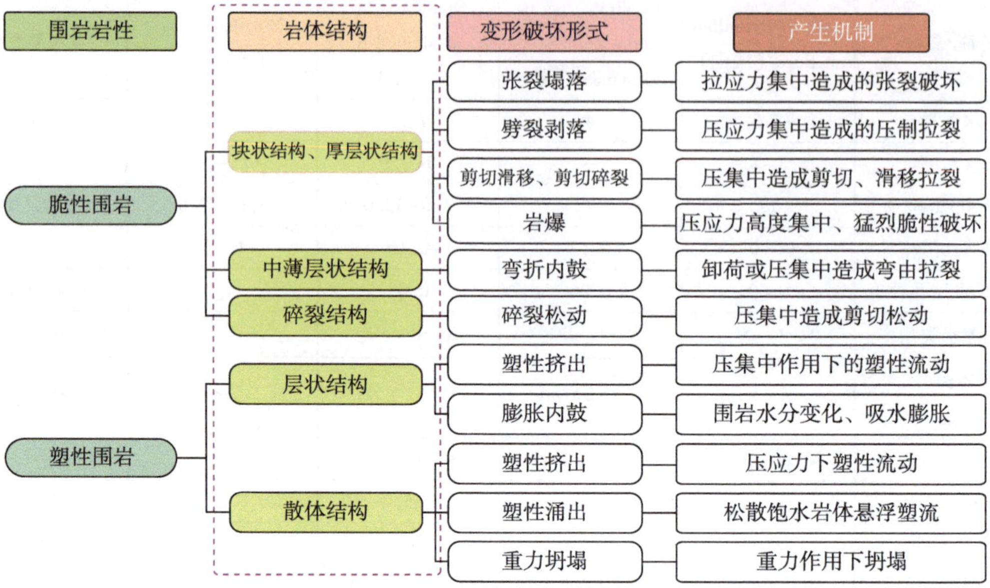

图 7.1 岩性岩体结构与围岩变形破坏模式关系[217]

7.1.3 围岩评价指标体系构建

塔木素泥岩的物理力学试验目的是掌握其物理、水热及力学特性，为进一步的理论研究与工程设计提供参考依据。塔木素泥岩的物理、水热及力学特性是围岩巷道稳定性以及后期处置库安全运行的关键所在。围岩的工程地质条件都与围岩的物理、水热及力学性质密不可分[218-222]。第 3 章已对塔木素泥岩进行了相关特性的系统试验。由于所取岩样存在岩性、外观、含水状态等部分差异，试验结果可能存在一定波动性。

主要从三个方面进行分析，具体分为四大类，其中矿物特性单独根据矿物组分再进行细分（见图 7.2），具体划分如下：

（1）物理参数：矿物组分、泥岩密度、孔隙率、含水率、微观结构的测定，其中矿物组分根据各主要矿物特性对围岩安全性的影响进行细分；

（2）水热性质：泥岩渗透系数、渗透率、比热容、热扩散系数、热传导系数测定；

（3）力学性能：单轴、三轴压缩条件下的弹性模量、抗拉强度、泊松比、抗压强度的测定，以及参考项目组前期实验粘聚力、内摩擦角等参数。

7.2 基于 Fisher 判别法的围岩安全评价

按已测样本的若干数值特征识别新样本进行 Fisher 判别分析，在围岩分级评价等方面最近几年已得到诸多应用[223-227]，但是在高放废物处置库围岩安全评价方面应用较少。本书基于该方法的特点，借鉴已有文献的分类评价方案[226]，选取 20 项与围岩安全性能评价有密切关系的指标为判别因子，构建适合于分类的判别函数，实现对预选地段泥岩的安

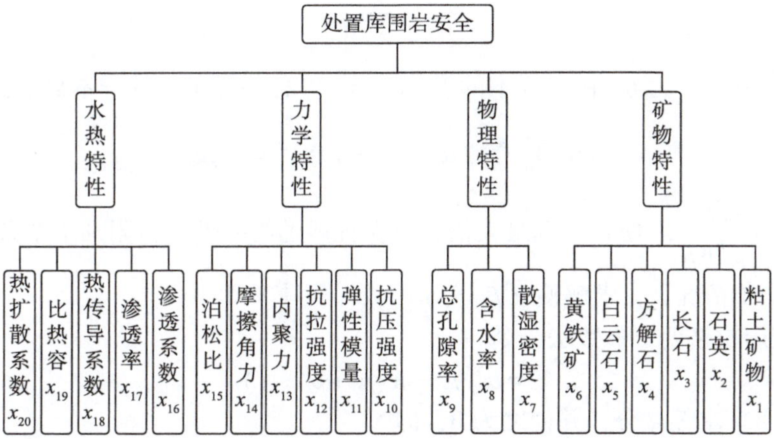

图 7.2　塔木素处置库围岩安全性评价指标体系

全类别判定。

7.2.1　Fisher 法基本原理

（1）Fisher 理论基本思想

针对某种多项指标作用的分类问题（如，p 项指标，m 个类别），Fisher 判别方法应用较多，其基本思路是降维，即：将多维点数据映射至低维度，根据同类投影差与不同类投影差的投影原则，再利用方差分析确定最佳投影方向，然后以此为基础，构建有效判别函数（$y = c_1x_1 + c_2x_2 + \cdots + c_px_p$），进而解决可以待判试样的类别问题。因此将该方法应用到判别围岩安全性类别具有十分重要的意义。

（2）Fisher 理论基本方法

共设 m 个总体，表示为 G_1，G_2，…，G_m，其协方差矩阵为 $V_{(1)}$，$V_{(2)}$，…，$V_{(m)}$，均值向量为 $\mu_{(1)}$，$\mu_{(2)}$，…，$\mu_{(m)}$。总体 $G_i(i = 12\cdots m)$ 中抽取容量为 n_i 的样本，具体表达为：

$$X_a^{(i)} = (x_{a1}^i,\ x_{a2}^i,\ \cdots,\ x_{ap}^i)^T \tag{7.1}$$

则

$$\mu^{\mathrm{T}}X_a^{(i)} = \mu_1x_{al}^i + \mu_2x_{a2}^i + \cdots + \mu_px_{ap}^i \tag{7.2}$$

为 $X_a^{(i)}$ 在 μ 轴上投影。其中，$n = 1,\ 2,\ 3,\ \cdots,\ n$；$i = 1,\ 2,\ \cdots,\ m$；向量 $\mu = (\mu_1,\ \mu_2,\ \cdots,\ \mu_p)^T$，为 p 维空间的 1 个方向；$Y = \mu X$ 与 X 的内积，即 X 在 μ 轴上的投影向量为

$$\overline{X}^{(i)} = \frac{1}{n}\sum_{a=1}^{n_i} X_a^{(i)} \tag{7.3}$$

$$\overline{X}^{(i)} = \frac{1}{n}\sum_{i=1}^{m}\sum_{a=1}^{n_i} X_a^{(i)} \tag{7.4}$$

式中，$\overline{X}^{(i)}$，$\overline{X}$ 分别为组内平均向量与总体平均值。那么，组内差表示为

$$b = \sum_{i=1}^{m}\sum_{a=1}^{n_i}(\mu^T\overline{X}^{(i)} - \mu^T\overline{X})^2 = \mu^T w\mu \tag{7.5}$$

$$W = \sum_{i=1}^{m} S_i \tag{7.6}$$

式（7.6）中，S_i 为 G_i 中 n_i 样本的 $X_a^{(i)}(a = 1, 2, \cdots, n_i)$ 的样本离差阵，组间差为

$$b = \sum_{i=1}^{m} \sum_{a=1}^{n_i} (\mu^T \overline{X}^{(i)} - \mu^T \overline{X})^2 = \mu^T \beta \mu \tag{7.7}$$

令 $\varphi = \frac{b}{e} = \frac{\mu^T \beta \mu}{\mu^T W \mu}$，使 φ 达到最大值，且保证解的唯一性，常附加 1 个条件 $\mu_T W_\mu = 1$。转化成 $\mu_T W_\mu = 1$ 情况下，求解使 $\mu^T \beta \mu$ 达最大 μ 。

因此，使用拉格朗日乘数法，令

$$F = \mu^T \beta \mu - \lambda(\mu^T W \mu - 1) \tag{7.8}$$

对式（7.8）求偏微分，并使之为 0，即

$$\frac{\partial F}{\partial \mu} = 2\beta\mu - 2\lambda W \mu = 0 \tag{7.9}$$

整理式（7.9）得

$$(W^{-1}\beta - \lambda I)\mu = 0 \tag{7.10}$$

根据式（7.10）可得出 $W^{-1}\beta$ 的最大特征值 λ 对应的特征向量 μ ，可得判别函系数，从而得到判别函数。

（3）模型检验

为检验所选择判别函数的判别能力，一般用回代估计法（Back- Stepping）计算训练样本的误判率。总体容量 G_i 当作 n_i 的训练样本：

$X_a^{(i)} = (x_{a1}^i, x_{a2}^i, \cdots, x_{ap}^i)^T \ (a = 1, 2, \cdots, n_i; \ i = 1, 2, \cdots, m)$ 。

将全部 G_i 视为新样本，按顺序代入所建判别函数，再与判别标准对比判别，即回判。用 n_{ij} 表示 G_i 的样本误判为总体 G_j 的个数 N ，误判率 η 的回代估计为：

$$\eta = \frac{N}{n_1 + n_2 + \cdots + n_m} \tag{7.11}$$

7.2.2 Fisher 模型选择及围岩安全评价应用

（1）高放废物处置库粘土岩围岩类型

根据国际上高放废物处置库对粘土岩场址选择的标准，目前国际上选择粘土岩作为处置库围岩的主要典型粘土岩有 4 种，即比利时 Boom 粘土岩、瑞士 Opalinus 粘土岩（in the Zurcher Weinlinanda）、瑞士 Opalinus Clay（at Mont Teri）、法国 Callovo-Oxfordian 粘土岩。在本书将以上 4 个案例作为典型样本，根据围岩特点具体划分为三类，分别用数字 1、2、3 表示其假设类别，我国塔木素泥岩先假设为 3，与法国粘土岩类别相同。

根据典型粘土岩围岩类型相应指标各自满足的围岩安全性标准。因此，按照其各自特征划分相应的围岩类别（用数字代表），若在计算过程中满足围岩安全要求，则表示判别合理；反之，如果计算指标不符合围岩安全判别的实际标准，则需要根据合理的判断调整设计方案，进而提高围岩安全性判定。因此，可以根据已判定的围岩综合安全性，为围岩类型判别提供可选依据。具体的判定方法的流程框图见图 7.3。

本书所选取的 20 个指标，是由于其与对应围岩安全等级标准相关的围岩安全类别判据易于获取，也便于建立量化关系，从而可以直接地反馈到设计优化过程。同时，所建立

的指标也基本涵盖了工程建造过程中围岩安全性能所涉及的主要关注点。对于部分缺失指标值取平均的方法确定围岩安全性能的判别。目的是对不同方案下围岩的安全性进行定量判别，但并不直接对围岩安全等级进行评价。

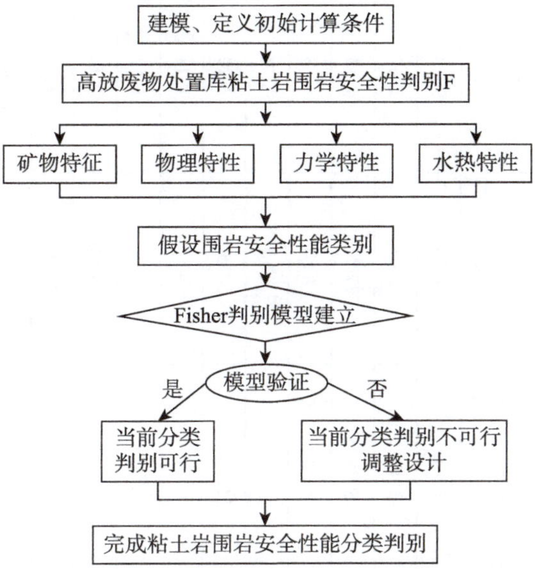

图 7.3 基于围岩安全性能指标的粘土岩围岩安全类别判别与量化评估流程

（2）判别指标的确定

粘土岩围岩的判别指标应该尽量反映围岩的安全性能。根据高放废物处置库对围岩安全特性的要求，并参考有关研究成果选取围岩的矿物特征、物理特性、力学特性、水热特性四大类共 20 个指标作为判别指标，详见表 7.4。其中部分国家粘土岩的相关参数缺失值取平均值代替。

（3）Fisher 判别模型的建立

根据 Fisher 判别的基本思想，选取收集到的 4 个国家 5 种粘土岩围岩案例作为研究对象，运用 SPSS26 软件以 1~4 号为样本，在 Fisher 判别理论基础上进行统计分析，可得相关判别函数。

第 1 判别函数：

$$Y_1 = 0.533X_1 + 0.451X_2 - 0.822X_3 + 0.982X_4 - 0.776X_5 - 0.866X_6 - 0.935X_7 - 0.637X_8 - 0.741X_9 - 0.035X_{10} + 0.104X_{11} - 0.900X_{12} + 0.987X_{13} - 0.643X_{14} - 0.866X_{15} + 0.568X_{16} + 0.680X_{17} - 0.523X_{18} + 0.996X_{19} + 0.625X_{20}$$

第 2 判别函数：

$$Y_2 = -0.846X_1 - 892X_2 - 0.570X_3 + 0.189X_4 + 0.630X_5 + 0.449X_6 + 0.355X_7 - 0.771X_8 - 0.672X_9 + 0.999X_{10} + 0.995X_{11} + 0.437X_{12} - 0.164X_{13} + 0.189X_{14} - 0.500X_{15} - 0.823X_{16} + 0.773X_{17} - 0.852X_{18} + 0.086X_{19} + 780X_{20}$$

表 7.4 安全评价指标特征参数

	各国粘土岩特征	粘土岩特征指标对应参数		法国粘土岩	瑞士粘土岩	瑞士粘土岩	比利时粘土岩	塔木素泥岩	平均值
围岩安全评价	矿物特性	粘土矿物/w%	X_1	40.00	54.00	66.00	60.00	10.00	47.50
		石英/w%	X_2	25.00	20.00	14.00	25.00	11.50	19.10
		长石/w%	X_3	1.00	3.00	2.00	7.50	32.59	9.23
		方解石/w%	X_4	29.00	16.00	13.00	1.00	18.00	15.40
		白云石/w%	X_5	4.00	1.00	1.00	3.50	42.09	10.32
		黄铁矿/w%	X_6	1.50	1.10	1.10	3.00	9.80	3.30
	物理特性	干密度/（Mg/m^3）	X_7	2.30	2.52	2.45	2.67	2.67	2.52
		含水率/w%	X_8	5.75	11.26	6.95	27.50	4.83	11.26
		总孔隙率/w%	X_9	12.00	7.00	7.50	7.80	14.8	9.82
	力学特性	单轴抗压/MPa	X_{10}	30.50	30.00	6.00	2.10	58.25	25.37
		弹性模量/GPa	X_{11}	6.65	11.9	11.90	10.50	7.70	9.73
		抗拉强度/MPa	X_{12}	3.15	2.1	1.50	—	10.00	4.19
		内聚力/MPa	X_{13}	6.40	8.6	5.00	—	1.52	5.38
		摩擦角/（°）	X_{14}	2.90	25.00	25.00	18.00	42.00	25.98
		泊松比	X_{15}	0.285	—	0.28	0.40	0.31	0.32
	水热特性	液渗透系数/（m/s）	X_{16}	1×10^{-11}	1×10^{-12}	1×10^{-12}	3×10^{-12}	1×10^{-12}	3.2×10^{-12}
		液渗透率/m^2	X_{17}	1×10^{-19}	1×10^{-12}	1×10^{-12}	1×10^{-19}	1×10^{-20}	4×10^{-16}
		热传导系数/$W\cdot m^{-1}K^{-1}$	X_{18}	1.47	1.55	1.55	2.00	1.38	1.59
		比热容/$J\cdot kg^{-1}K^{-1}$	X_{19}	785.00	840.00	840.00	740.00	694.19	779.84
		热扩散系数/（m^2/s）	X_{20}	0.774	1.51	1.51	1.15	0.80	1.15
	假定类别			3	1	2	1	3	—

按照 1～4 样本可以求得第 1 判别函数和第 2 判别函数的分类中心值如表 7.5 所示。在此对第 1 个判别式进行典型分析，法国粘土岩（Callovo-Oxfordian）围岩评价的中心值被划分为 832.49；瑞士粘土岩（Opalinus Clay at Mont Teri）围岩的评价中心值被划分为 866.91；Opalinus 瑞士粘土岩（Clay in the Zurcher Weinlianda）的中心值划分为 869.12；比利时粘土岩（Boom）的中心值划分为 800.71，塔木素泥岩的中心值划分为 602.79；第 2 个判别的中心值详见表 7.5 中 Y_2的对应值。为了确定待判别样本塔木素泥岩的函数值，将其与表 7.5 中的另外 4 类粘土岩组别的中心值距离进行比较，然后来识别塔木素泥岩的具体组别。图 7.4 的识别结果发现该模型的预测类别与假定类别完全吻合。

表 7.5　判别函数在粘土岩围岩类别的中心值

国内外典型粘土岩类型	中心值	
	Y_1	Y_2
法国粘土岩	832.49	55.81
瑞士粘土岩	866.91	66.91
瑞士粘土岩	869.12	40.63
比利时粘土岩	800.71	111.38
塔木素泥岩	602.79	199.59

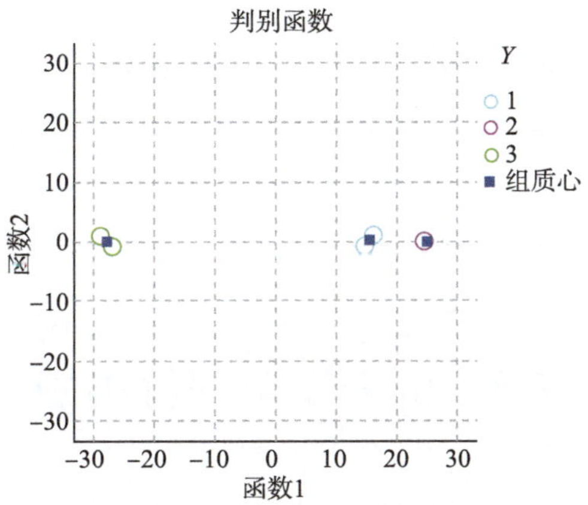

图 7.4　典型判别函数质心图

（4）模型的检验及工程应用

采用已建立的模型，逐次对训练样本的实测数据进行预测，以确保 Fisher 判别模型在选择围岩安全类别判别时的准确性和有效性，并将其与实测值进行对比（见表 7.6），对比结果显示，预测值与实际值基本一致，由此可知已建立的模型可靠性和稳定性良好。在此基础上进行回判检验，其误判率是 0，由此可见该模型在围岩安全类别判定中有很好的适用性。

由表 7.7 预测可知，5 个预测样本预测类别与假设类别完全一致，预测的准确度高达 100%，可见预测效果非常满意。因此，本书应用所建立的 Fisher 判别分析模型，对不同围岩安全类别进行分类判别选择，判别准确度高且合理可信，误判率为零，具有较大的工程应用价值。

表 7.6　分类结果[a] 预测表

分类结果[a]						
		Y	预测组信息			总计
			1	2	3	
原始	计数	1	2	0	0	2
		2	0	1	0	1
		3	0	0	2	2
	%	1	100	0	0	100
		2	0	100	0	100
		3	0	0	100	100

注：a. 100.0% 正确地对初始分组个案进行分类。

表 7.7　Fisher 模型判别预测

国内外典型粘土岩类型	假定类别	Fisher 模型判别类型
法国粘土岩	3	3
瑞士粘土岩	1	1
瑞士粘土岩	2	2
比利时粘土岩	1	1
塔木素泥岩	3	3

7.3　围岩安全评价类别

采用主成分分析法和 BP 神经网络结合的方法，构建适用于粘土岩围岩安全类别选择的应用模型。首先对输入的已知围岩参数采用主成分分析法进行预处理，确定彼此无相关性，并对相关参数精简，但筛选所得的主成分仍能反映原始参数的相关评价信息；进而简化网络并提升学习速度，以使模型预测的准确度更高。

7.3.1　主成分分析法

(1) 主成分分析法的基本思想

主成分分析是对多变量的问题，运用统计分析方法进行处理，如果变量的数目过多，将会使问题分析变得更加复杂。许多情况下，变量间存在着一定的相关性。如果 2 个变量间有一定相关性，就可以认为它们二者之间反映信息内容部分重叠。因此将原始所有变量中重复变量进行合理删减，构建新变量，且新得变量互不相关，但新变量要尽量涵盖原有变量信息。此时主成分即为新变量，是初始变量的某种线性组合。通过降维进行主成分分析，选择少于5个主成分且能包含大于80%的初始变量信息。

（2）主成分分析法的数学模型

假设在 m 个样本中存在 n 个变量 x_1，x_2，…，x_n，其中 $m>n$，对原始数据矩阵进行整理得到：

$$\boldsymbol{x} = \begin{vmatrix} x_{11} & x_{12} & \cdots & x_{1n} \\ x_{21} & x_{22} & \cdots & x_{2n} \\ \vdots & \vdots & \vdots & \vdots \\ x_{m1} & x_{m2} & \cdots & x_{mn} \end{vmatrix} \tag{7.12}$$

通常，因各变量间的量纲不同，须将原始数据矩阵转化为标准化数据矩阵。标准化公式为：

$$\boldsymbol{x}_{ij}^{*} = \frac{x_{ij} - \overline{x_j}}{\sqrt{\mathrm{var}(x_j)}} \tag{7.13}$$

式中：$\sqrt{\mathrm{var}(x_j)}$，$\overline{x_j}$ 分别表示第 j 个变量的标准差与平均值：$i=1$，2，…，m；$j=1$，2，…，n。

标准化后矩阵综合变量可用原始变量 x_1，x_2，…，x_n线性表达，即：

$$Y = \begin{vmatrix} Y_{1n} = u_{11}x_1 + u_{12}x_2 + \cdots + u_{1n}x_n \\ Y_{2n} = u_{21}x_1 + u_{22}x_2 + \cdots + u_{2n}x_n \\ \vdots \\ Y_{mn} = u_{m1}x_1 + u_{m2}x_2 + \cdots + u_{mn}x_n \end{vmatrix} \tag{7.14}$$

式中：$u_{k1}^2 + u_{k2}^2 + \cdots + u_{kn}^2 = 0$，$k=1$，2，…，$n$。$u$ 为变量之间的相关系数矩阵，可以由下列原则来确定：

① $\mathrm{cov}(y_i,\ y_j) = 0$，$(i \neq j;\ i,\ j = 1,\ 2,\ \cdots,\ n)$；

②主成分指是不相关的线性组合 Y_1，Y_2，…，Y_n，且 Y_1是 x_1，x_2，…，x_n的方差最大值，Y_2是 Y_1与方差最大值，Y_n是 Y_1，Y_2，…，$Y_{n-1\text{所有}}$不相关的 x_1，x_2，…，x_n中方差最大值，且均为线性组合。

经过主成分分析将 Y_1，Y_2，…，Y_n初始变量称为第1，2，…，n 个主成分。各变量方差在总方差中所占权重则逐次递减。其中，主成分的提取个数决定于方差累积率，缺失数据与累积率大小成反比，但径向基函数需要更多输入变量。常选取80%的方差累积率作为主成分提取的条件[226]。

7.3.2 BP神经网络模型

（1）BP神经网络算法基本思想

BP神经网络为S型函数传递神经元，其输出为0~1的连续数值，可在输入和输出间任意非线性映射，为多层前馈神经网络。该方法的基本特征是信号由输入层逐层向前传递，经隐含层处理，最终依次到达输出层。神经元逐层影响，若未达到期望输出，误差会逆向传播。调整预测误差阈值和权值，达到BP神经网络的预测输出持续逼近期望输出。

(2) BP 网络神经元模型

图 7.5 所示的基本 BP 神经元模型，其输入个数为 R，且各输入均对应权重 w 与下一层相连，网络输出表达式：

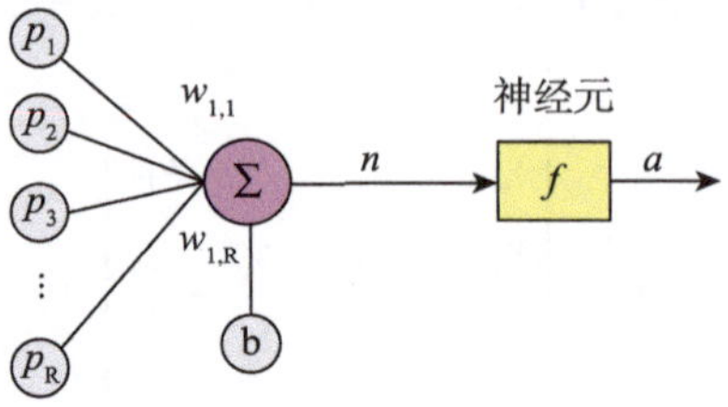

图 7.5　BP 神经元模型

$$a = f(wp + b) \tag{6.15}$$

f 代表输入/输出关系的传递函数，转换输入和输出信息。其为 BP 网络中重要构成，且必须可导。BP 神经元中 S 型函数（sigmoid）最接近生物神经元的非线性，数学表达式为：

$$f(x) = \frac{1}{1 + e^{-x}} \tag{6.16}$$

隐层神经元在 BP 神经网络中常用的传递函数，如图 7.6 传递函数所示：

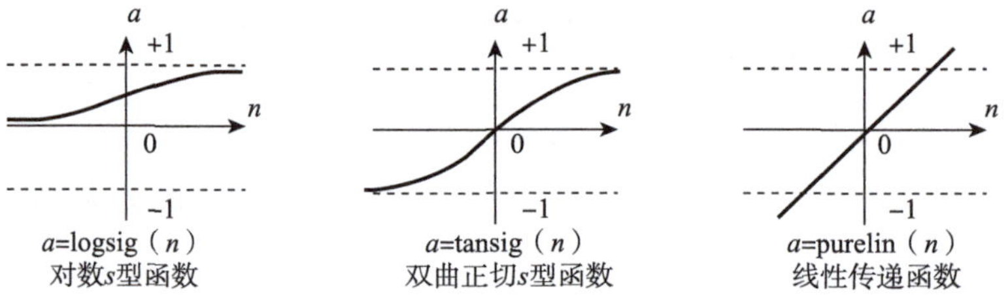

图 7.6　BP 神经元传递函数

(3) BP 网络结构的确定

①隐层数设计

单隐层的前馈网络可对任意连续函数映射，理论证明，在非连续函数中，仅需要两个隐层。因此，隐层一般选两层。但是当原先设置的一个隐含层节点数比较多时，且网络整体性不高时，可适当增加一个隐含层。常见 BP 神经网络为输入层、输出层和隐含层 3 层结构，如图 7.7 所示。

②隐层节点数设计

在确定了训练集之后，再确定输入层和输出层的节点数。首先需确定隐层最佳节点数与隐层数。经验表明，隐层节点数过少，信息处理能力和网络学习速率无法提升。反之，网络结构复杂，节点数过多易出现局部极小值，学习速率受限。关于隐层节点数目前算法尚未统一，但经验公式有助于计算隐藏层节点数，经验公式如下：

$$m = \sqrt{n + 1} + \alpha \tag{7.17}$$

$$m = \log_2 n \tag{7.18}$$

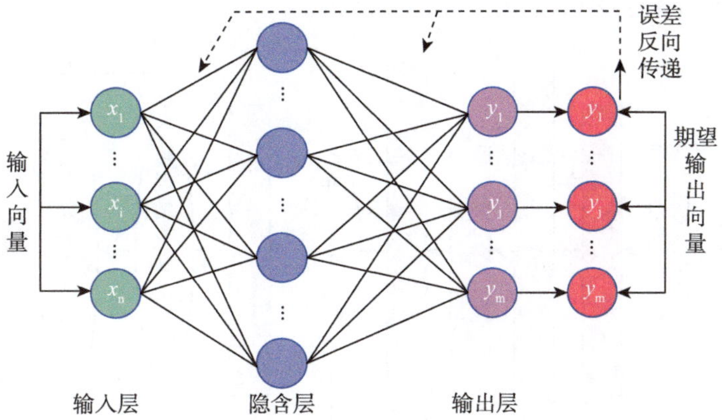

图 7.7　BP 神经网络结构

$$m = \sqrt{nl} \tag{7.19}$$

式中：n——输入层节点数；

m——隐含层节点数；

l——输出层节点数；

a——常数（1~10）。

③BP 神经网络的学习过程

A. 网络初始化，同步设置 BP 神经网络赋予初始权值，步长、容差及网络结构。

B. 选取一组各个样本均有期望输出结果与输入信息训练样本。

C. 选择训练样例集中某样例，输入网络信息。

D. 分别计算处理后的每层节点输出。

E. 计算（实际输出与期望输出）误差值，并对预测结果修正。

F. 该算法遵循误差最小原则，从输出层反向求解隐含层，且动态调整各神经元间的连接权重。

G. 以上 D~F 的步骤对每个训练样本数据重复进行，直到对于所有误差满足标准需求为止。

在以上学习过程中，F 是非常关键的。建立可调整连接权值原则，使沿降低误差方向进行，此为 BP 神经网络的优势，如图 7.8 所示。

7.3.3　应用研究

BP 网络在处理数据时会受到数据数量的影响，一般数据过多会降低其处理速度。而以上所选取的评价因子之间又可能存在一定的相关性。因此，结合 BP 神经网络和主成分分析法各自的优势，构建处置库泥岩类别选取模型。先利用主成分分析法对原有评价因子进行筛选，将原有重复信息删减，留存主成分；在此过程中，原有 BP 网络评价因子减少，即输入层神经元的个数减少，从而网络学习的速度加快，网络模型的质量提升。

（1）影响因子间的相关性分析

在现有研究成果及相关资料整理的基础上，进行影响高放废物处置库粘土岩围岩安全性因素定性分析，从定量的角度分析影响围岩安全的关键因素包括：矿物特征、物理特性、力学特性、水热特性共包含 20 个影响指标。输出因素为：围岩类别。高放废物处置库粘土岩围岩（含泥岩）样本如表 7.4 前文所列。

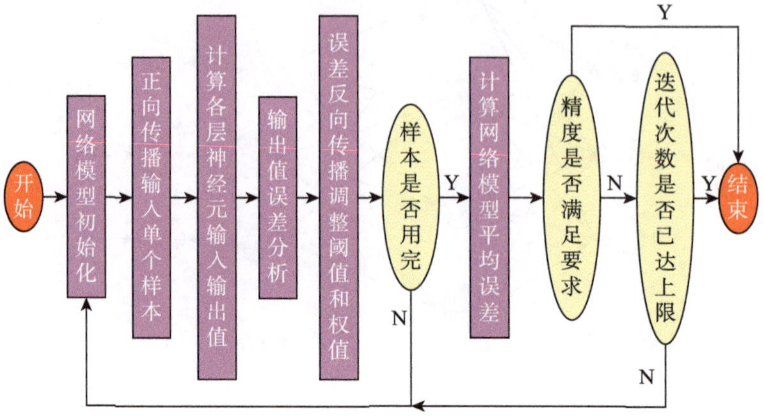

图 7.8　BP 神经网络算法流程图

表 7.4 中围岩类别 1、2、3 分别代表不同国家围岩期望类别，因此，为了将样本数据导入模型中，就需要对这些信息进行量化处理。由于围岩影响指标的数据量纲和数据级等方面存在着很大的差别，从而造成数据间的差异较大。因此，需要对初始数据标准化处理，然后再开展主成分分析[227]。此过程先后 Matlab 中的 Zscore 命令和 Corrcoef 命令进行。20 个评价因子数据标准化后见表 7.8，然后据此得出相关系数矩阵，各评价因子的相关系数矩阵见表 7.9。

表 7.8　标准化处理数据表格

典型粘土岩国家	卡洛夫-牛津阶粘土岩（法国）	苏黎世州温特兰地区欧法利努斯粘土岩（瑞士）	蒙泰尔地区欧洲泊利努斯粘土岩（瑞士）	博姆粘土岩（比利时）	塔木素泥岩
X_1	-0. 387 69	0. 335 99	0. 956 29	0. 646 14	-1. 550 74
X_2	0. 950 25	0. 144 95	-0. 821 41	0. 950 25	-1. 224 06
X_3	-0. 617 92	-0. 467 54	-0. 542 73	-0. 129 18	1. 757 37
X_4	1. 351 25	0. 059 61	-0. 238 46	-1. 430 73	0. 258 33
X_5	-0. 354 64	-0. 523 04	-0. 523 04	-0. 382 71	1. 783 43
X_6	-0. 484 28	-0. 591 9	-0. 5919	-0. 080 71	1. 748 79
X_7	-1. 416 28	-0. 012 76	-0. 459 34	0. 944 19	0. 944 19
X_8	-0. 585 48	0. 000 21	-0. 457 92	1. 726 46	-0. 683 27
X_9	-0. 378 25	-0. 823 24	-0. 378 25	1. 735 48	-0. 155 75
X_{10}	0. 226 85	0. 204 74	-0. 856 56	-1. 029 02	1. 453 98
X_{11}	-1. 267 53	0. 893 03	0. 893 03	0. 316 88	-0. 835 42
X_{12}	-0. 263 69	-0. 530 56	-0. 683 05	**0. 000 12**	1. 4773

续表

典型粘土岩国家	卡洛夫-牛津阶粘土岩（法国）	苏黎世州温特兰地区欧法利努斯粘土岩（瑞士）	蒙泰尔地区欧洲泊利努斯粘土岩（瑞士）	博姆粘土岩（比利时）	塔木素泥岩
X_{13}	0.3435	1.084 38	-0.127 97	**0**	-1.299 91
X_{14}	-1.123 31	-0.0477	-0.0477	-0.388 39	1.6071
X_{15}	-0.605 56	**0.004 14**	-0.695 27	1.457 82	-0.157
X_{16}	1.744 16	-0.564 29	-0.564 29	-0.0513	-0.564 29
X_{17}	-0.7303	1.095 45	1.095 45	-0.7303	-0.7303
X_{18}	-0.500 65	-0.166 88	-0.166 88	1.710 56	-0.876 14
X_{19}	0.081 14	0.9457	0.9457	-0.626 22	-1.346 32
X_{20}	-1.036 45	0.998 85	0.998 85	0.003 32	-0.964 56

从表 7.9 可知，输入的相关参数间中存在一定相关性，如果单独运用 BP 神经网络模型进行预测，可能会影响其预测精度。所以，对已有参数进行主成分分析处理，非常必要。

（2）主成分分析

根据表 7.8 的数据，使用 SPSS 26 对相关系数进行主成分分析，可得到相对特征向量与各因素相关系数矩阵的特征值。计算结果显示，前两个主成分的方差贡献率为 76.26%，说明前两个主成分已基本能够反映样本的主要信息，且已达到主成分方差占总方差 75%~85%的要求[229]。为了能够更准确地表达原评价因子所包含的信息，在此取前 3 个方差贡献率最高的因子，其方差累计贡献率为 96.51%。各评价因子的累计贡献率与方差贡献率见表 7.10。

表 7.9 各因素的相关系数矩阵

	X_1	X_2	X_3	X_4	X_5	X_6	X_7	X_8	X_9	X_{10}	X_{11}	X_{12}	X_{13}	X_{14}	X_{15}	X_{16}	X_{17}	X_{18}	X_{19}	X_{20}
X_1	1	0.133	-0.829	-0.345	-0.878	-0.866	-0.557	0.999*	-0.844	-0.997*	0.783	-0.928	0.662	-0.568	-0.917	-0.042	0.886	0.997*	0.983	0.871
X_2	0.133	1	-0.664	0.885	-0.592	-0.611	-0.897	0.099	-0.643	-0.209	-0.513	-0.492	0.831	-0.891	-0.516	0.985	-0.342	0.207	0.311	-0.371
X_3	-0.829	-0.664	1	-0.239	0.996	0.998*	0.926	-0.809	1.000*	0.87	-0.301	0.978	-0.968	0.931	0.983	-0.524	-0.476	-0.869	-0.917	-0.448
X_4	-0.345	0.885	-0.239	1	-0.147	-0.172	-0.588	-0.377	-0.212	0.271	-0.854	-0.029	0.475	-0.577	-0.057	0.952	-0.741	-0.273	-0.169	-0.761
X_5	-0.878	-0.592	0.996	-0.147	1	1.000*	0.887	-0.861	0.998*	0.912	-0.389	0.993	-0.94	0.893	0.996	-0.442	-0.556	-0.911	-0.95	-0.529
X_6	-0.866	-0.611	0.998*	-0.172	1.000*	1	0.898	-0.848	0.999*	0.902	-0.366	0.99	-0.948	0.904	0.993	-0.464	-0.535	-0.901	-0.942	-0.508
X_7	-0.557	-0.897	0.926	-0.588	0.887	0.898	1	-0.528	0.915	0.62	0.081	0.826	-0.991	1.000**	0.841	-0.807	-0.109	-0.618	-0.698	-0.078
X_8	0.999*	0.099	-0.809	-0.377	-0.861	-0.848	-0.528	1	-0.826	-0.994	0.804	-0.915	0.636	-0.539	-0.903	-0.076	0.902	0.994	0.977	0.888
X_9	-0.844	-0.643	1.000*	-0.212	0.998*	0.999*	0.915	-0.826	1	0.883	-0.327	0.983	-0.96	0.92	0.988	-0.5	-0.5	-0.882	-0.928	-0.473
X_{10}	-0.997*	-0.209	0.87	0.271	0.912	0.902	0.62	-0.994	0.883	1	-0.732	0.954	-0.718	0.63	0.946	-0.036	-0.848	-1.000**	-0.994	-0.831
X_{11}	0.783	-0.513	-0.301	-0.854	-0.389	-0.366	0.081	0.804	-0.327	-0.732	1	-0.495	0.051	0.068	-0.47	-0.655	0.982	0.733	0.657	0.987
X_{12}	-0.928	-0.492	0.978	-0.029	0.993	0.99	0.826	-0.915	0.983	0.954	-0.495	1	-0.893	0.833	1.000*	-0.333	-0.65	-0.954	-0.98	-0.626
X_{13}	0.662	0.831	-0.968	0.475	-0.94	-0.948	-0.991	0.636	-0.96	-0.718	0.051	-0.893	1	-0.993	-0.905	0.721	0.239	0.717	0.787	0.209
X_{14}	-0.568	-0.891	0.931	-0.577	0.893	0.904	1.000**	-0.539	0.92	0.63	0.068	0.833	-0.993	1	0.848	-0.799	-0.122	-0.628	-0.708	-0.091
X_{15}	-0.917	-0.516	0.983	-0.057	0.996	0.993	0.841	-0.903	0.988	0.946	-0.47	1.000*	-0.905	0.848	1	-0.359	-0.629	-0.945	-0.974	-0.604
X_{16}	-0.042	0.985	-0.524	0.952	-0.442	-0.464	-0.807	-0.076	-0.5	-0.036	-0.655	-0.333	0.721	-0.799	-0.359	1	-0.5	0.034	0.14	-0.527
X_{17}	0.886	-0.342	-0.476	-0.741	-0.556	-0.535	-0.109	0.902	-0.5	-0.848	0.982	-0.65	0.239	-0.122	-0.629	-0.5	1	0.849	0.787	1.000*
X_{18}	0.997*	0.207	-0.869	-0.273	-0.911	-0.901	-0.618	0.994	-0.882	-1.000**	0.733	-0.954	0.717	-0.628	-0.945	0.034	0.849	1	0.994	0.832
X_{19}	0.983	0.311	-0.917	-0.169	-0.95	-0.942	-0.698	0.977	-0.928	-0.994	0.657	-0.98	0.787	-0.708	-0.974	0.14	0.787	0.994	1	0.768
X_{20}	0.871	-0.371	-0.448	-0.761	-0.529	-0.508	-0.078	0.888	-0.473	-0.831	0.987	-0.626	0.209	-0.091	-0.604	-0.527	1.000*	0.832	0.768	1

注：表中（*/**）表示对应相关系数接近 1，近乎完全的线性相关，可能暗示对应变量对围岩特性的贡献显著性均极强。

表 7.10 各主成分及贡献率

影响因素	成分系数值		
	Y_1	Y_2	Y_3
X_1	0.098	0.037	0.046
X_2	0.057	0.033	-0.19
X_3	-0.1	0.04	0.05
X_4	-0.027	-0.159	-0.078
X_5	-0.104	0.011	0.035
X_6	-0.101	0.04	0.028
X_7	-0.044	0.142	0.091
X_8	0.041	0.155	-0.05
X_9	0.005	0.159	-0.087
X_{10}	-0.088	-0.068	0.009
X_{11}	0.068	0.048	0.175
X_{12}	-0.102	0.042	-0.004
X_{13}	0.088	-0.039	-0.026
X_{14}	-0.082	0.029	0.149
X_{15}	0.012	0.164	-0.046
X_{16}	0.011	-0.065	-0.227
X_{17}	0.06	-0.057	0.185
X_{18}	0.052	0.147	-0.052
X_{19}	0.086	-0.083	0.078
X_{20}	0.075	0.011	0.172
特征值	9.524	5.728	4.049
贡献率%	47.62	28.64	20.25
累计贡献率%	47.62	76.26	96.51

经主成分分析表7.10中的数据，得到因子碎石图（也即主成分碎石图）。从图7.9可知，因子1、2、3的特征值差值较大，且因子1、2、3的特征值均>1，且该模型的方差总贡献率已达96.51%，符合标准条件。在此基础上，为了消除原始评价因子的主观性和随机性，可以选择因子 Y_1、Y_2、Y_3代替原始评价因子作为主成分。

根据上表数据，写出主成分表达式：

$$Y_1 = 0.098X_1 + 0.057X_2 - 0.1X_3 - 0.027X_4 - 0.104X_5 - 0.101X_6 - 0.044X_7 + 0.041X_8 + 0.005X_9 - 0.088X_{10} + 0.068X_{11} - 0.102X_{12} + 0.088X_{13} - 0.082X_{14} + 0.012X_{15} + 0.011X_{16} + 0.06X_{17} + 0.052X_{18} + 0.086X_{19} + 0.075X_{20}$$

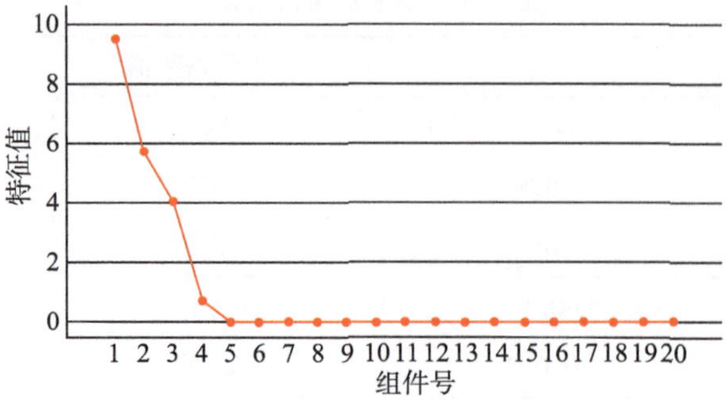

图 7.9　主成分分析碎石图

$Y_2 = 0.037X_1 + 0.033X_2 + 0.04X_3 - 0.159X_4 + 0.011X_5 + 0.04X_6 + 0.142X_7 + 0.155X_8 + 0.159X_9 - 0.068X_{10} + 0.048X_{11} + 0.042X_{12} - 0.039X_{13} + 0.029X_{14} + 0.164X_{15} - 0.065X_{16} - 0.057X_{17} + 0.147X_{18} - 0.083X_{19} + 0.011X_{20}$

$Y_3 = 0.046X_1 - 0.19X_2 + 0.05X_3 - 0.078X_4 + 0.035X_5 + 0.028X_6 + 0.091X_7 - 0.05X_8 - 0.087X_9 + 0.009X_{10} + 0.175X_{11} - 0.004X_{12} - 0.026X_{13} + 0.149X_{14} - 0.046X_{15} - 0.227X_{16} + 0.185X_{17} - 0.052X_{18} + 0.078X_{19} + 0.172X_{20}$

因此，利用这 3 个主成分的线性关系表达式来计算标准化处理后的数据，具体处理后的样本数据结果为表 7.11 的结果。

表 7.11　主成分计算后训练样本数据

国内外典型粘土岩类型	Y_1	Y_2	Y_3	围岩安全类别
卡洛夫-牛津阶粘土岩（法国）	0.0781	-0.9939	-1.4715	3
苏黎世州温特兰地区欧泊利努斯粘土岩（瑞士）	0.6002	-0.3279	0.7054	1
蒙泰尔地区欧泊利努斯粘土岩（瑞士）	0.6185	-0.3571	0.9351	2
博姆粘土岩（比利时）	0.4073	1.6092	-0.5522	1
塔木素泥岩	-1.7041	0.6427	0.3831	3

（3）BP 神经网络模型的设计、训练及预测

单一的 BP 神经网络识别高放废物处置库粘土岩围岩（含泥岩）的类型，可能在识别的过程中，由于输入数据存在着一定的相关性以及输入数据太多等问题，对预测结果产生一定影响。因此，将以上两种方法结合起来，构建相关分类判别模型，对粘土岩围岩（含泥岩）的类型进行优选判别。

对于非线性的网络来说，如何选取适当的学习速率是非常重要。学习速率的设定值很大程度上影响算法的性能，然而学习速率过高或过低都不利于 BP 神经网络正常运行[230]。所以在 SPSS26 神经网络模型中，利用可变学习速率的 traingda 函数进行梯度下降计算。这样通过在神经网络模型中设置不同的学习速率，可以更好地优化训练算法，使其获得更好的计算性能。计算过程中，将学习速率设定为 0.04，迭代次数的最大值为 50 000，误差性能目标为 0.0001。在此基础上，经多次试验及经验公式[231]确定其最佳隐层神经元数。

在没有进行主成分分析处理的情况下，构建的 BP 网络模型各层节点数分别为：输入层 20，隐含层 10，输出层 3。具体结果见图 7.10。

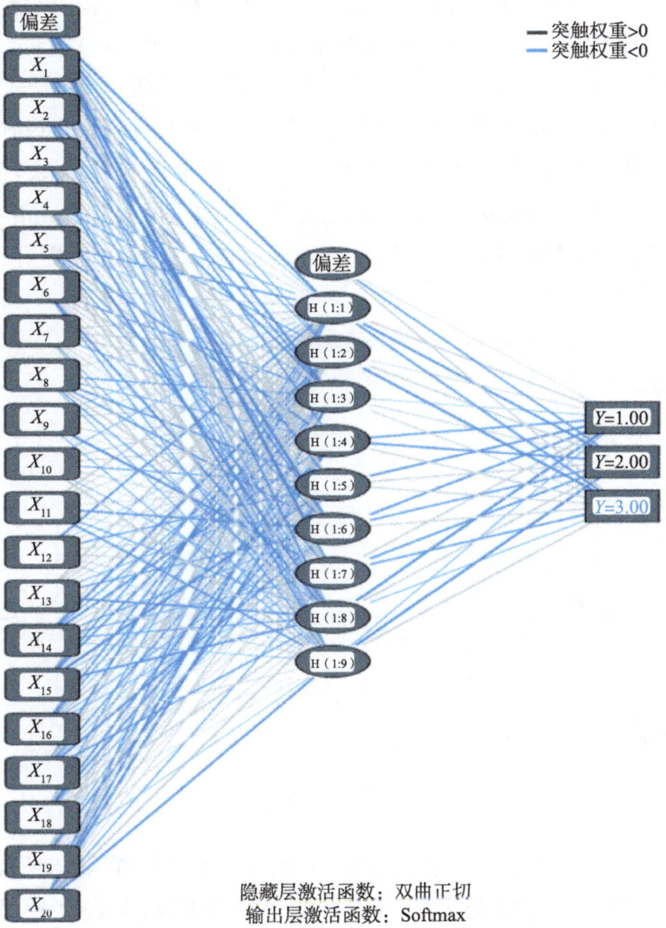

图 7.10　未经主成分分析处理 BP 网络模型

经主成分分析处理后，BP 网络模型的输入层、输出层、隐含层节点数都为 3，结果见图 7.11。

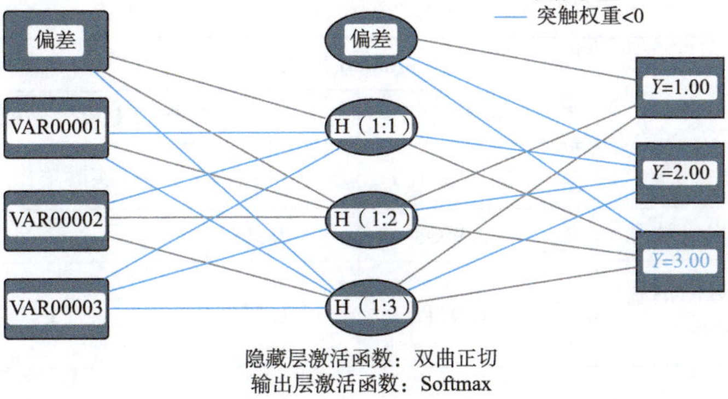

图 7.11　经主成分分析处理后 BP 网络模型

在运用 Matlab 软件计算过程中未经主成分处理前的输入层神经元个数，根据高放废物处置库围岩安全类别指标个数取为 20；隐藏层神经元个数 10，根据所确定的输出层待反演参数个数取为 3、l 为 1~10 之间的常数；主成分分析处理后输出层个数为 3，输入层神经元数为 3。训练函数设定为 Levenberg-Marquardt 算法。网络最大训练（即在模型计算不正确时，会自动调整参数，以避免出现错误）次数是 1 000。训练误差设定为 1×10^{-7}，网络的动量因子是 0.01。构建的 BP 神经网络见图 7.12 所示。对比 BP 神经网络的 Training 和 All 的 R 值相差很小，表明二者的拟合性能非常接近。未经主成分处理前的 Training 和 All 的 R 值为 1 和 0.990 47；经主成分分析处理后的 Training 和 All 的 R 值为 0.999 95 和 0.997 22。整体来看经主成分分析处理后的数据相关性更好，但预测结果与期望值均非常相近，见表 7.12。

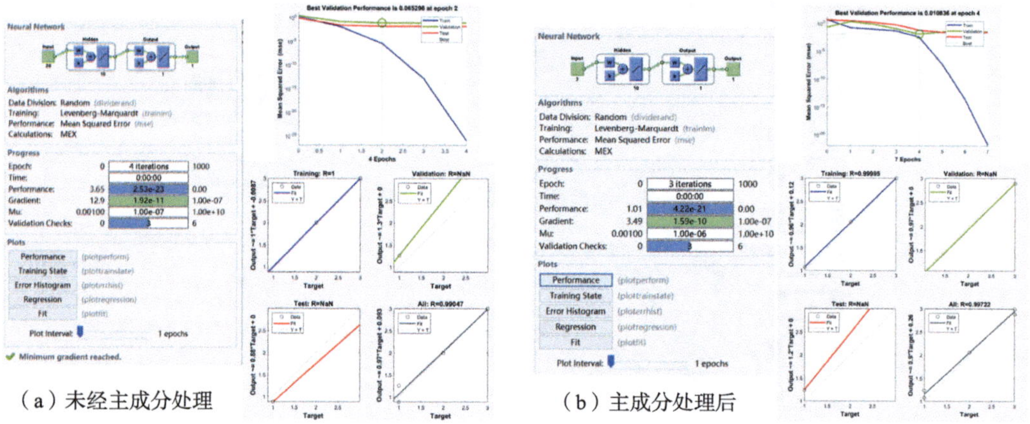

（a）未经主成分处理　　（b）主成分处理后

图 7.12　BP 神经网络计算界面

由表 7.12 可看出，在没有进行主成分分析之前，识别的结果与所期望的输出二者的稳定程度类别非常一致，经主成分分析后识别结果除博姆粘土岩（比利时）和期望值类别相对误差稍大外，其他类别均高度一致。如图 7.13 所示，神经网络的拟合结果曲线与实际测算的曲线基本一致。这两个数值之间差值，在 0 值附近有轻微波动，总体来说，拟合的效果非常好。由此可以看出高放废物处置库塔木素泥岩类别和法国粘土岩围岩安全类别整体一致。

表 7.12　BP 神经网络模型期望值与输出值比较

典型粘土岩国家	期望输出	Matlab 预测		SPSS 预测	
		主成分分析后	未经主成分分析	主成分分析后	未经主成分分析
		实际输出 1	实际输出 2	实际输出 1	实际输出 2
卡洛夫-牛津阶粘土岩（法国）	3	2.9998	2.9998	3	3
苏黎世州温特兰地区欧泊利努斯粘土岩（瑞士）	1	1.0747	1.2555	1	1

续表

典型粘土岩国家	期望输出	Matlab 预测		SPSS 预测	
		主成分分析后	未经主成分分析	主成分分析后	未经主成分分析
		实际输出 1	实际输出 2	实际输出 1	实际输出 2
蒙泰尔地区欧泊利努斯粘土岩（瑞士）	2	2.0543	1.9969	2	2
博姆粘土岩（比利时）	1	1.2331	0.8782	1	1
塔木素泥岩	3	2.8959	2.9996	3	3

注：SPSS 计算过程中隐藏层选用 tansigmoid 型函数；输出层选用 softmax 函数；Matlab 计算过程输入层与隐含层之间采用 logsig 函数，隐含层与输出层之间采用 purelin 函数（线性函数），训练函数 Levenberg-Marquardt 算法。

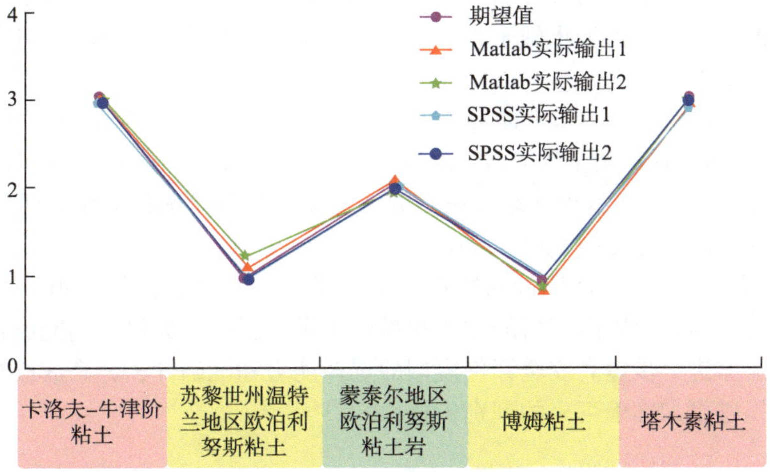

图 7.13　期望数值与预测输出数值对比

7.4　分类结果对比分析

将 3 种方法得到计算结果进行比较，在使用相同分类指标体系的情况下，对同一个分类对象进行分类研究过程中，虽然采用的分类方法不同，但得到的分类结果非常相似，即 Fisher 判别法、主成分分析法和 BP 神经网络模型分析将塔木素预选地段泥岩划分为和法国粘土岩近似为同一类的安全性围岩。结合第 4 章的分析模拟结果发现塔木素预选地段泥岩为安全性围岩的分类结果较为合理。虽然计算过程中所采用的 3 种方法分类原理各有优劣，但应用在塔木素预选地段泥岩分类时，其判定结果一定程度上是可信和准确的。但从所得结果比较来看，经过主成分分析后的 BP 神经网络模型判定结果最为可靠。究其原因可能为 BP 神经网络模型对评价因子分类标准的选取以及模型设计训练过程中对各指标的相关性进一步划分，降低了模型参数设置和样本数据等相关因素的影响。

7.5 本章小结

塔木素预选地段围岩（泥岩）的安全评价是复杂的多因素分析问题，进一步确定塔木素预选地段泥岩作为围岩的稳定性及安全性研究是非常关键的一步，直接关系到塔木素预选地段泥岩是否符合处置库围岩的安全要求。

（1）参考国内外高放废物地质处置粘土岩围岩安全评价指标选取标准，依据系统性、科学性、针对性、数据易获取性的指标选取原则，整合分析国外典型粘土岩围岩的相关参数，从矿物特性、物理特性、力学特性、水热特性等四个方面筛选出塔木素预选地段围岩安全评价的 20 个关键指标，并构建了相关的安全评价指标体系。

（2）通过建立高效、可靠、小样本就能计算的 Fisher 判别模型，判别塔木素预选地段粘土岩围岩的安全类别。应用可知，Fisher 判别模型识别精度较高，塔木素预选地段围岩安全类型的 Fisher 判别模型正确率为 100%，为后期塔木素预选地段围岩安全性评价提供了一种新的判别方法。

（3）基于主成分分析与 BP 神经网络的围岩安全类别预测表明，所选取的法国 Callovo-Oxfordian 粘土岩、瑞士的 Opalinus 粘土岩（Zurcher Weinlianda and Mont Teri）、比利时的 Boom 粘土岩、塔木素预选地段泥岩的期望输出值与预测值非常相近。由此可以看出塔木素预选地段泥岩与法国 Callovo-Oxfordian 粘土岩的安全类别整体一致。

（4）本章对于围岩安全性评价的缺点是未考虑多种粘土岩围岩类型，主要因为目前国际上选用粘土岩作为处置库围岩的样本和参数不足。所以，如果后期能够搜集到更多的样本数据库，能够进一步提高安全评价模型的选择能力和准确性，为高放废物地质处置的围岩安全评价提供更加准确可靠的判别依据。

8 前景评估及建议

8.1 前景评估

在粘土岩场址初步区域调查工作的基础上，通过更详细的地质条件、未来自然变化、水文地质、地球化学、建造和工程条件、社会影响和环境保护等研究，与传统粘土岩处置库围岩相比，塔木素预选地段泥岩是否为可供选择围岩，是否符合未来高放废物处置库安全建造的要求，是当前需要进一步研究的关键所在。本书就塔木素泥岩预选地段围岩特性及初步安全评价等进行相关研究，主要前景评估如下：

(1) 预选地段目标层主要发育固结好，结构致密，泥质块状构造的白色-灰色-深灰色泥岩。目标层泥岩，偶见方解石、黄铁矿、有机质等充填裂隙发育。泥岩深部可见白云质泥岩发育，有纹层状、条带状和“雪花状”等特色构造。该段泥岩矿物以方沸石、碳酸盐矿物（主要是白云石、铁白云石、方解石）和钠长石为主，粘土矿物含量相对较低。且随深度递增，方沸石和白云石呈现明显的此消彼长变化特征，粘土矿物变化不明显。

(2) 塔木素预选地段泥岩具备优于传统粘土岩的工程建造岩石力学性能。研究预选地段泥岩力学性能影响因素发现，随深度变化各种矿物成分含量对岩石力学性能影响较明显，垂向上目标层泥岩的力学特性变化与白云石含量变化相关性较大。通过系列一些列力学性能试验研究可知，预选地段泥岩抗拉强度、抗压强度、弹性模量随埋深增加均呈现增长趋势。抗拉强度在0.39~3.68 MPa之间，单轴弹性模量在4.35~19.56 GPa之间，单轴抗压强度最高可达94.00 MPa。三轴压缩实验中，随围压的增大，岩芯三轴抗压强度和弹性模量随着深度的增加而迅速增大。与法国等实验室相关粘土岩参数对比具有明显的力学性能优势，可见预选地段泥岩具有良好的处置库工程建造条件。

(3) 围岩THM三场耦合数值模拟结果显示，塔木素预选地段泥岩可作为处置库围岩重点对象研究。处置库在模拟运行时间范围内，不同监测点的饱和度、热应力、膨胀应力以及位移等变化均与温度变化有一定相关性。模拟发现释热中心温度在10 a左右达到最大值81.9 ℃，10~30 a左右温度下降较快，300 a后温度降至40 ℃左右，并趋于稳定。处置库围岩随着与释热中心距离的增加，饱和度达到78.41%后逐渐趋于平缓，围岩产生的位移较小（主要在巷道壁），远低于围岩的失稳变形。可见在设计固化体表面最高温度值低于 100 ℃的条件下，塔木素泥岩完全符合当前高放废物处置库围岩的设计要求。

（4）预选地段 FEPs 初步筛选与安全评价指标体系构建，有助于进一步确定符合要求的场址。根据预选地段情景预期演化及形成情景的特征，结合与塔木素预选地段地质处置相关的内部因素和外部因素，初步筛选出适合我国塔木素泥岩预选地段的 226 个 FEPs。并在此基础上，从近场、远场、生物圈以及与各屏障系统角度建立了安全评价指标体系，分类筛选出 73 个安全评价指标，以较全面、系统的对塔木素预选地段进行评价，从而为确定符合安全要求的场址提供依据。

（5）运用 Fisher 判别模型、主成分分析与 BP 神经网络模型对典型粘土岩（泥岩）围岩安全类别进行判别。其结果显示 3 种方法所得期望输出值与预测值非常相近。从而可以判定塔木素预选地段泥岩与法国 Callovo-Oxfordian 粘土岩的安全类别整体一致。

8.2 建议

选择合适的高放废物地质处置库场址是一项系统的工程，当前塔木素预选地段进行的相关工作还需要更加深入，有待为推进泥岩场址的筛选提供更加准确全面的科学依据。虽然本书对塔木素预选地段的相关研究取得了一些进展，但结合现阶段国际形势新背景，为推进我国塔木素泥岩预选地段的发展，许多方面还需要更加深入研究：

（1）在泥岩作为处置库围岩的 THM 耦合模拟与安全评价过程，为了便于计算，模拟方程和评价数学模型均设定为理想条件下进行，泥岩的力学特性除了重点考虑了常温下矿物组分、结构构造等方面的作用，需要进一步考虑地球化学、微生物、胶体、地热等多种影响长期演化的因素。另外获取参数应尽量丰富，模拟和评价结果与实际处置库运行情况就更接近。在后续研究中需要不断充实和完善相关工作，以便为泥岩作为高放废物处置库围岩提供更加准确可靠的评价依据。

（2）对 FEPs 清单的筛选标准和安全评价指标体系的科学性需要更加详细论证界定。今后需要进一步完善 FEPs 清单的筛选和安全评价指标体系的构建。对于泥岩预选地段围岩中粘土矿物含量低于国际上粘土岩选址标准、方沸石含量较高的特殊性，在今后进一步全面筛选 FEPs 清单数据库时有待进一步深入研究，以便更好的服务于塔木素泥岩预选地段的安全评价工作。

随着国家“双碳”目标的提出，国家调整能源结构、安全高效发展核电的能源发展战略不会变，加上目前已累积的各种类型乏燃料超过了 10 000 t，高放废物安全处置相关研发工作显得尤为紧迫。根据以上建议进一步研究，将有助于推进我国泥岩处置场址的筛选工作，也可以为不同处置阶段研究提供参考。随着今后选址工作的持续推进，相关研究的进一步完善，与之对应的评价技术方法也在不断更新迭代，从而为我国高放废物地质处置选址提供更科学的决策依据。

参考文献

[1] 中国核能行业协会. https://www.china-nea.cn/site/content/43657.html，2023-07-28.
[2] 潘自强，钱七虎. 高放废物地质处置战略研究［M］. 北京：原子能出版社，2009：15-17.
[3] JIN-SEOP Kim，Sang-Ki Kwon，Marcelo Sanchez. Geological Storage of High Level Nuclear Waste［J］. Energy Geotechnology，2011，15（4）：721-737.
[4] 王驹. 高放废物安全处置需科学对待［J］. 中国核工业，2012（6）：20.
[5] 潘自强，钱七虎. 我国高放废物地质处置战略研究［J］. 中国核电，2013（2）：98-100.
[6] 刘晓东，刘平辉，王长轩，等. 高放废物粘土岩处置库场址预选研究［C］中国岩石力学与工程学会. 第三界废物地下处置学术研讨会论文集. 杭州：中国岩石力学与工程学会废物地下处置专业委员会，2010.
[7] 王聪，李洪辉，段谟东，等. 地应力对高放废物黏土岩地质处置库洞室群稳定性影响的数值模拟［J］. 安全与环境工程，2019，26（6）：178-189.
[8] 王驹. 安全处置高放废物确保核能可持续发展［J］. 中国核工业，2008（6）：16-19.
[9] 王驹. 中国高放废物地质处置 21 世纪进展［J］. 原子能科学技术，2019，53（10）：2072-2082.
[10] 李金轩. 高放废物地质处置系统安全评价及其指标体系［C］//钱七虎院士论文选集：中国岩石力学与工程学会，2007：8.
[11] IAEA. Safety Principles and Technical Criteria for the Underground Disposal of High Level Radioactive Waste：Safety Series NO. 111-G-4. 1［R］. Vienna：IAEA，1994.
[12] IAEA. Siting of geological disposal facilities：IAEA Safety Standards Series No. 111-G-4. 1［R］. Vienna：IAEA，1994.
[13] IAEA. Safety Assessment for Near Surface Disposal of Radioactive Waste［R］. Safety Guide No. WS-G-1. 1. Vienna：IAEA，1999.
[14] IAEA. Safety Standard on Geological Disposal of Radioactive Wastes［R］. Vienna：IAEA，2000.

[15] IAEA. Geological Disposal of Radioactive Waste, Draft Safety Guide DS334: IAEA Safety Standards [R]. Vienna: IAEA, 2007a.

[16] IAEA. IAEA Safety Standards Series No. SF-1, Fundamental Safety Principles: Safety Fundamentals [R]. Vienna: IAEA, 2006a.

[17] IAEA. Geological Disposal of Radioactive Waste, Safety Requirements: IAEA Safety Standards Series WS-R-4 [R]. Vienna, Austria, 2006b.

[18] ICRP. General Principles for the Radiation Protection of Workers. ICRP Publication 75 [R]. Ann. ICRP. 27 (1), 1997.

[19] ICRP. The 2007 recommendation of the international commission on the radiological protection: ICRP publication 103 [R]. Annals of the ICRP, Vol 37, No. 2-4, 2007.

[20] ICRP. Radiological protection in geological disposal of long-lived solid radioactive waste [R]. International Commission on Radiological Protection Publication 122, 2013.

[21] ICRP. Protection of the Public in Situations of Prolonged Radiation Exposure: ICRP Publication 82 [R]. Ann. ICRP 29 (1-2), 1999.

[22] ICRP. Publication 81: Radiation Protection Recommendations as Applied to the Disposal of Long-lived Solid Radioactive Waste, Annals of the ICRP Volume 28/4, EIsevier, July 2000.

[23] OECD. The Regulator's Evolving Role and Image in Radioactive Waste Management: NEA No. 4428 [R]. Paris: OECD. 2003.

[24] OECD/NEA. Disposal of Radioactive Waste – Can Long-Term Safety Be Evaluated [R]. Paris: OECD/ NEA. 1991.

[25] OECD/NEA. Learning and Adapting to Societal Requirements for Radioactive Waste Management: NEA No. 5296 [R]. Paris: OECD/NEA. 2004.

[26] OECD/NEA. Post-closure Safety Case for Geological Disposal: NEA No. 3679 [R]. Paris: OECD/NEA. 2004.

[27] OECD/NEA. The role of underground laboratories in nuclear waste disposal programme [R]. Paris. 2001.

[28] OECD. Confidence in the Long-term Safety of Deep Geological Repositories-Its Development and Communication: NEA No. 1809. OECD [R]. Paris. 1999.

[29] OECD. Learning and Adapting to Societal Requirements for Radioactive Waste Management: NEA No. 5296 [R]. Paris: OECD. 2004.

[30] OECD. Stepwise Approach to Decision Making for Long-term Radioactive Waste Management: NEA No. 4429 [R]. Paris: OECD. 2004.

[31] OECD/NEA. International peer reviews for radioactive waste management: general information and guidelines: Rep. NEA 6082 [R]. Paris. 2005.

[32] OECD/NEA. Engineered barrier systems (EBS) in the safety case: the role of modelling, workshop proceedings La Coruña, Spain 24-26 August 2005 [R]. Paris: No. 6118, 2007.

[33] OECD/NEA. Regulating the Long-term Safety of Geological Disposal-Towards a Common Understanding of the Main Objectives and the Bases of Safety Criteria. No. 6182, 2007.

[34] OECD/NEA. Methods for safety assessment of geological disposal facilities for radioactive waste, outcomes of the NEA MeSA initiative [R]. Paris. 2012.

[35] OECD/NEA. The safety case for deep geological disposal of radioactive waste: 2013 state of the art, symposium proceedings 7-9 October 2013 Paris: France [R]. 2014.

[36] OECD/NEA. Japan's siting process for the heological fisposal of high-level radioactive waste [R]. Paris. 2016.

[37] OECD/NEA. The safety culture of an effective nuclear regulatory body [R]. Paris. 2016.

[38] OECD/NEA. Communication on the safety case for a deep geological repository [R]. Paris. 2017.

[39] OECD/NEA. National inventories and management strategies for spent nuclear fuel and radioactive waste. extended methodology for the common presentation of data [R]. 2017.

[40] OECD/NEA. Sourcebook of international activities related to the development of safety cases for deep geological repositories [R]. Paris. 2017.

[41] U. S. Nuclear regulatory commission. General site suitability criteria for Nuclear power stations [R]. Regulatory Guide 4. 7, 1975.

[42] American Nation Standard. Criteria and Guidelines for Assessing Capability for Surface Faultingat Nuclear Powder Plant site: ANSI/ANS-2. 7-1982 [S]. The American Nuclear Society, Illinois 60525, USA. 1984

[43] Department of Energy. Final environmental impact statement for a geologic repository for the disposal of spent nuclear fuel and high-level radioactive waste at Yucca Mountain [R]. Nye County, Nevada. DOE/EIS-0250. Las Vegas, NV: U. S. Department of Energy Office of Civilian Radioactive Waste Management, 2002.

[44] OECD/NEA. An International peer review of the Yucca Mountain project TSPA-SR, total system performance assessment for the site recommendation (TSPA-SR) [R]. Paris, 2002.

[45] ANDRA. Dossier 2005 Argile Tome: Safety evaluation of a geological repository [R]. Paris: ANDRA, 2005a.

[46] ANDRA. Dossier 2005 Granite: Architecture and management of a geological repository. ANDRA 285 VA [R]. Paris: ANDRA, 2005b.

[47] ANDRA. Dossier 2005 Granite: Phenomenological evolution of a geological repository. ANDRA 288 VA [R]. Paris: ANDRA, 2005c.

[48] ANDRA. Dossier 2005 Granite: Safety analysis of a geological repository. ANDRA 287 VA [R]. Paris: ANDRA, 2005d.

[49] JNC. Project to establish the scientific and technical basis for HLW disposal in Japan No. TN1410 001 [R]. Japan: JNC, 2000.

[50] Miyahara K. H12 Project to establish the scientific and technical basis for HLW disposal in Japan, Project overview report. 2000.

[51] 国防科学技术工业委员会. 匈牙利-乏燃料和长寿命废物处置 [R]. 北京: 国防科工委, 2005.

[52] 国防科学技术工业委员会. 瑞典—放射性废物处置，高放废物地质处置资料汇编 [R]. 国防科学技术工业委员会，2005.
[53] 王驹，凌辉，陈伟明. 高放废物地质处置库安全特性研究 [J]. 中国核电，2017，10 (2)：270-278.
[54] 李洪辉，赵帅维，贾梅兰，等. 高放废物地质处置安全评价准则研究 [J]. 核科学与工程，2016，36 (3)：313-322.
[55] 李洪辉，王亮，余少青，等. 高放废物地质处置各屏障系统安全要求研究 [J]. 世界核地质科学，2016，33 (4)：229-236.
[56] 陈伟明. 高放废物地质处置库系统分析方法研究——以甘肃北山预选区花岗岩场址为例 [D]. 北京：核工业北京地质研究院，2008.
[57] 刘帅，王驹，刘晓东，等. 甘肃北山预选区地质处置系统初步 FEPs 分析 [J]. 东华理工大学学报（自然科学版)，2012，35 (3)：256-262.
[58] 孙庆红，范智文. GEN II-S 环境剂量系统的引进及消化 [A]. 王驹. 中国高放废物地质处置十年进展 [C]. 北京：原子能出版社，2004：469-475.
[59] 周文斌，张展适. 北山地区地下水与花岗岩及玻璃固化体相互作用的模拟研究 [A]. 王驹. 中国高放废物地质处置十年进展 [C]. 北京：原子能出版社，2004：391-398.
[60] 杨林月，张振涛，华小辉. 高放废物模拟地质处置研究平台的建立、运行及初期成果 [J]. 世界核地质科学，2017，34 (1)：54-62.
[61] 东华理工大学，中国辐射防护研究院. 高放废物地质处置库西北地区黏土岩地段筛选与评价研究总报告 [R]. 南昌：东华理工大学，2019
[62] SKB. Long-term safety for final repository for spent nuclear fuel at Forsmark, Main report of the SR-Site project, Technical Report TR-11-01 [R]. Sweden, 2011.
[63] POSIVA. Safety case for the disposal of spent nuclear fuel at Olkiluoto-Synthesis [R]. Finland, 2012.
[64] NWMO. Moving Forward Together, Triennial Report 2008 to 2010 [R]. Ottawa: NWMO 2011.
[65] USD OE. Performance assessment for the proposed high-level radioactive waste repository at Yucca Mountain, Nevada [J]. Reliability Engineering and System Safety, 2014, 122: 1-6
[66] U. S. Department of Energy. Yucca Mountain Science and Engineering Report: Technical Information Supporting Site Recommendation Consideration [R]. DOE, 2002.
[67] U. S. Senator JAMES report to the Chairman. Yucca Mountain: The Most Studied Real Estate on the Planet [R]. U. S. Senate Committee on Environment and Public Works, 2006.
[68] STEVE FRISHMAN. The role of geology at the proposed yucca mountain nuclear waste repository overview of the storage of high-level nuclear waste at Yucca Mountain [R]. Nevada Agency for Nuclear Projects, 2014.
[69] The Meuse/Haute-Marne Underground Research Laboratory (MHMURL): ascientific tool [Z]. 1991, 12.
[70] The initial environment state of the Meuse/Haute-Marne Underground Research Laboratory (MHMURL) [Z]. 1999, 3.

[71] ANDRA. Dossier 2001. Progress report on feasibility studies and research into deep geological disposal of high-level, long-lived waste [R]. Paris: ANDRA, 2001.

[72] ANDRA. Dossier 2005 Argile: Synthesis. Evaluation of the feasibility of a geological repository in an argillaceous formation. ANDRA 266 VA [R]. Paris: ANDRA, 2005f.

[73] HSK/KSA, Protection objectives for the disposal of radioactive waste. HSK-R-21e. Swiss Federal Nuclear Safety Inspectorate (HSK) and Federal Commission for the Safety of Nuclear Installations (KSA), Villigen, Switzerland [Z]. November 1993.

[74] SOLER J M. The effect of coupled transport phenomena in the Opalinus Clay andimplications for radionuclide transport [J]. Journal of Contaminant Hydrology, 2001, 53 (2): 63-84.

[75] KOROLEVA M, ALT-EPPING P and MAZUREK M. Large-scaletracer profiles in a deep claystone formation (Opalinus Clay at Mont Russelin, Switzerland): Implications for solute transport processes and transport properties of the rock [J]. Chemical Geology, 2011, 280 (4): 284-296.

[76] Stratis Vomvoris (Nagra). Radioactive waste management in Switzerland: Recent advances and outlook [C] // Paul E. Mariner, Ernest 1. Hardin, Jitka Mikova. Proceedings of the Scientific Visit on Crystalline Rock Repository Development. SANDIA REPORT. SAND 2013-0339, Albuquerque: SANDIA. 2013: c-37-c-46.)

[77] LEROUGE C, GRANGEON S, CLARET F, et al. Mineralogical and isotopic record of diagenesis from the Opalinus clay formation at Benken, Switzerland: Implications for the modeling of pore-water chemistry in a clay formation [J]. Clays and Clay Minerals, 2014, 62 (4): 286-312.

[78] ANDRA. Dossier 2005b. Argile-synthesis report evaluation of the feasibility of a geological repository [R]. Paris: ANDRA, 2005g

[79] 王驹，徐国庆，金远新. 论高放废物地质处置库围岩 [J]. 世界核地质科学，2006 (4): 222-231.

[80] Wang J, Chen L, Su R, et al. The Beishan underground research laboratory for geological disposal of high-level radioactive waste in China: Planning, site selection, site characterization and in situ tests [J]. Journal of Rock Mechanics and Geotechnical Engineering, 2018, 10: 411-435.

[81] 陈伟明，王驹. 高放废物地质处置场址安全要求 [J]. 世界核地质科学，2006，23 (2): 100-106.

[82] 王驹，凌辉，陈伟明. 高放废物地质处置库安全特性研究 [J]. 中国核电，2017，10 (2): 270-278.

[83] 罗嗣海，钱七虎，王驹. 高放废物地质处置库的特点及其结构型式 [J]. 地质科技情报，2007 (5): 83-90.

[84] 苏锐，程琦福，王驹，等. 我国高放废物地质处置库场址筛选总体技术思路探讨 [J]. 世界核地质科学，2011，28 (1): 45-51.

[85] 凌辉. 甘肃北山高放废物地质处置库关闭后安全评价 [D]. 北京：核工业北京地质

研究院，2019.

[86] IAEA. Joint convention on the safety of spent Fuel management and on the safety of radioactive waste management [R]. INFCIRC/546, Vienna: IAEA, 1997.

[87] IAEA. Safety indicantors for the safety assessment of radioactive wastedisposal [R]. Vienna, Austrie TECDOC-1372. 2003.

[88] ANDRA. Dossier 2005: Andra research on the geological disposal of high-level long-lived radioactive waste-results and perspectives. ANDRA 265 VA [R]. Paris: ANDRA, 2005h.

[89] 车申，刘晓东，刘平辉，等. 甘肃陇东地区粘土岩渗透特性初步研究 [J]. 辐射防护. 2012, 32 (1): 15-20.

[90] 丁鸿. 柴达木盆地西北缘南八仙预选区地质条件与粘土岩特征研究 [D]. 南昌：东华理工大学，2015.

[91] 赵帅维，李洪辉，崔增琪，等. 粘土岩处置库陇东预选区社会经济条件调查研究 [J]. 环境科学与管理. 2016, 41 (10): 12-16.

[92] 胡海洋. 内蒙古塔木素地区粘土岩力学特性研究 [D]. 南昌：东华理工大学，2014.

[93] 张耀东. 高放废物处置库-塔木素预选区巴音戈壁组上段粘土岩物质组成研究 [D]. 南昌：东华理工大学，2016.

[94] 巩建军. 高放废物地质处置库粘土岩地段筛选地球物理调查研究 [D]. 南昌：东华理工大学，2017.

[95] 杨迎亚，刘晓东，刘平辉，等. 基于层次分析法的高放废物处置库粘土岩预选区特性评价—以塔木素地区和陇东地区为例 [J]. 资源环境与工程. 2017, 31 (05): 601-605.

[96] 饶峥. 内蒙古阿拉善塔木素预选区构造活动性研究 [D]. 南昌：东华理工大学，2018.

[97] 黄欢贰. 高放废物处置库粘土岩预选地段水文地质条件研究 [D]. 南昌：东华理工大学，2018.

[98] 饶耕玮. 高放废物地质处置库围岩特性研究-以内蒙古塔木素预选区巴音戈壁组上段上层泥岩为例 [D]. 南昌：东华理工大学，2018.

[99] 万超. 矿物成分及微观构造对塔木素黏土岩抗压强度影响研究 [D]. 南昌：东华理工大学，2018.

[100] 郭超. 内蒙古塔木素地区断层稳定性研究 [D]. 南昌：东华理工大学，2019.

[101] 许文军. 综合地球物理及三维地质建模在高放废物地质处置库场址评价中的应用研究 [D]. 南昌：东华理工大学，2019.

[102] 彭志娟. 高放废物处置库 EDZ 中核素 ^{129}I、^{135}Cs 的迁移模拟研究 [D]. 南昌：东华理工大学，2019.

[103] 王瑜. 塔木素预选区黏土岩渗流-应力耦合特性试验研究 [D]. 南昌：东华理工大学，2019.

[104] He H Y, Liu J, Dong Y, et al. Sorption of selenite on Tamusu clay in simulated groundwater with high salinity under aerobic/anaerobic conditions [J]. Journal of Environmental Radioactivity. 2019, 203, 210-219.

[105] 向龙. 高放废物地质处置库塔木素泥岩预选地段地质特征与初步适宜性评价研究[D]. 南昌：东华理工大学，2020.
[106] 饶峥. 塔木素高放废物地质处置库泥岩预选地段适应性评价初步研究 [D]. 南昌：东华理工大学，2022.
[107] 饶耕玮. 高放废物地质处置库塔木素预选地段泥岩岩性特征及物理力学特性研究[D]. 南昌：东华理工大学，2022.
[108] 张成勇，聂逢君，侯树仁，等. 内蒙古巴音戈壁盆地塔木素地区砂岩型铀矿控制因素与成矿模式 [J]. 地质科技情报，2015，34（1）：140-147.
[109] 王凤岗，侯树仁，张良，等. 巴音戈壁盆地南部塔木素铀矿床水岩作用特征及其与铀成矿关系研究 [J]. 地质论评，2018，64（3）：633-646.
[110] 唐友军，文志刚，张超漠，等. 天草凹陷天 2 井油砂地球化学特征与油源研究[J]. 地质科技情报，2007（4）：47-52.
[111] 李西得. 巴音戈壁盆地塔木素预选区巴音戈壁组上段沉积相分析 [J]. 河南理工大学学报（自然科学版），2010，29（增刊）：177-180.
[112] 吴仁贵，周万蓬，徐喆，等. 巴音戈壁盆地苏红图组时代归属研究 [J]. 铀矿地质，2010，26（3）：152-156.
[113] 彭云彪，王强，戴明建，等. 巴音戈壁盆地 TMS 铀矿床矿体空间展布特征与找矿预测 [J]. 世界核地质科学，2018，35（3）：131-136.
[114] 王利民，李怀渊，徐国苍，等. 内蒙古阿拉善右旗塔木素地区浅层地震勘探报告[R]. 核工业航测遥感中心，2004.
[115] 刘波，魏滨，李毅，等. 内蒙古阿拉善右旗塔木素地区西南部浅层地震勘探 [R]. 核工业航测遥感中心，2014.
[116] COATES G，肖立志，PRAMMER M. 核磁共振测井原理与应用 [M]. 孟繁萤，译. 北京：石油工业出版社，2007：6-7.
[117] 周科平，李杰林，许玉娟，等. 冻融循环条件下岩石核磁共振特性的试验研究[J]. 岩石力学与工程学报，2012a，31（04）：731-737.
[118] 周科平，李杰林，许玉娟，等. 基于核磁共振技术的岩石孔隙结构特征测定 [J]. 中南大学学报（自然科学版），2012b，43（12）：4796-4800.
[119] 胡勇. 致密砂岩气藏储层渗流机理研究 [D]. 大庆：东北石油大学，2016.
[120] 陆翔，周伟，才庆祥，等. 冻融循环下泥岩力学特性及细观破裂机理研究 [J]. 采矿与安全工程学报，2021，38（4）：819-829.
[121] Li J W，Huang H W. Experimental on stabilized swelled mudstone reinforced with geocell [C]. 8th International Conference on Geosynthetics，2006：1631-1634.
[122] 卫英豪. 富水条件下泥岩巷道长时变形失稳机理研究 [D]. 北京：中国矿业大学，2015.
[123] HUECKEL T，BALDI G. Thermo-plasticity of saturated clays：experimental constitutive study [J]. Journal of Geotechnical Engineering，1990，116（12）：1778-1796.
[124] THURY M，BOSSART P. The Mont Terri Rock Laboratory，a new international research project in a Mesozoic shale formation，in Switzerland [J]. Engineering Geology，1999，

52 (3/4): 347-359.
[125] BOSSART P, TRICKB T, PETER M M, et al. Structural and hydro-geological characterisation of the excavation-disturbed zone in the Opalinus Clay (Mont Terri Project, Switzerland) [J]. Applied Clay Science, 2004, 26: 429-448.
[126] HOMAND F, GIRAUD A, ESCOFFIER S, et al. Permeability determination of a deep argillite in saturated and partially saturated conditions [J]. International Journal of Heat and Mass Transfer, 2004, 47 (14/15/16): 3517-3531.
[127] CROIS J, SCHLICKENRIEDER L, MARSCHALL P, et al. Hydrogeological investigations in a low permeability clay stone formation: the Mont Terri Rock Laboratory [J]. Physics and Chemistry of the Earth, 2004, 29: 3-15.
[128] WERSIN P, VAN LOON L R, SOLER J M, et al. Long-term diffusion experiment at Mont Terri: first results from field and laboratory data [J]. Applied Clay Science, 2004, 26 (1/4): 123-135.
[129] AUVRAY C. Thermomecanical tests on Opalinus clays of the MontTerri (04-0239) [R]. [S. l.]: C. RP. OENG, 2004.
[130] 张春良, TILMANN R, KLAUS W, 等. Opalinus 硬泥岩热反应的监控与模拟 [J]. 岩石力学与工程学报, 2006, 25 (4): 659-669.
[131] 李香绫, BERNIER F, BEL J. 比利时高放废物处置库设计及与基岩和工程屏障体系的热—水—力性状的相关研究 [J]. 岩石力学与工程学报, 2006, 25 (4): 681-692.
[132] SILLEN X. Keynote on repository-induced perturbations of the host rock, in the context of the safety case for the geological disposal of VHLW and SF in clay formations [C] // Proceedings of the European Commission TIMODAZ-HERESA International Conference. Brussels: European Commission; 2012: 159-171.
[133] 金远新, 王文广, 陈璋如. 中国高放废物处置库围岩岩石类型的选择 [C] //. 中国高放废物地质处置十年进展. 原子能出版社, 2004: 13.
[134] HOPMANS J W, DANE J H. Temperature dependence of soil hydraulic properties [J]. Soil Science Society of America Journal, 1986, 50 (1): 4-9.
[135] 王媛, 施斌, 高磊, 等. 黏性土渗透性温度效应实验研究 [J]. 工程地质学报, 2010, 18 (3): 351-356.
[136] TOWHATA I, KUNTIWATTANAKUL P, SEKO I, et al. Volume change of clays induced by heating as observed in consolidation tests [J]. Soils and Foundations, 1993, 33 (4): 170-183.
[137] ROMERO E, GENS A, LLORET A. Temperature effects on the hydraulic behaviour of an unsaturated clay [J]. Geotechnical and Geological Engineering, 2001, 19 (3-4): 311-332.
[138] SULTAN N. Etude du comportement thermo-mécanique de l'argile de Boom: expériences et modélisation [D]. [S. l.]: Ecole Nationale des Ponts et Chaussées, 1997.
[139] DELAGE P, SULTAN N, CUI Y J. On the thermal consolidation of Boom Clay [J]. Ca-

nadian Geotechnical Journal, 2000, 37: 343-354.

[140] CHEN G J, MAES T, VANDERVOORT F, et al. Thermal impact on damaged boom clay and opalinus clay: Permeameter and Isostatic tests with μ CT scanning [J]. Rock Mechanics and Rock Engineering, 2014, 47 (1): 87-99.

[141] MA Y S, CHEN W Z, YU H D, et al. Variation of the hydraulic conductivity of Boom Clay under various thermal-hydro-mechanical conditions [J]. Engineering Geology, 2016, 212: 35-43.

[142] DJÉRAN I, BAZARGAN B, GIRAUD A, et al. Etude expé0rimentale du comportement thermo-hydro-mécanique de l'argile de Boom [R]. Brussels: ONDRAF, 1994.

[143] WILEVEAU Y, BERNIER F. Similarities in the hydromechanical response of Callovo-Oxfordian clay and Boom Clay during gallery excavation [J]. Physics and Chemistry of the Earth, 2008, 33 (1): 343-349.

[144] CHEN G J, SILLEN X, VERSTRICHT J, et al. ATLAS III in situ heating test in boom clay: Field data, observation and interpretation [J]. Computers and Geotechnics, 2011, 38 (5): 683-696.

[145] LI X L, BASTIAENS W, VAN MARCKE P, et al. Design and development of large-scale in-situ PRACLAY heater test and horizontal high-level radioactive waste disposal gallery seal test in Belgian HADES [J]. Journal of Rock Mechanicsand Geotechnical Engineering, 2010, 2 (2): 103-110.

[146] VAN MARCKE P, LI X L, BASTIAENS W, et al. The design and installation of the PRACLAY In-Situ Experiment [J]. EURIDICE Report, 2013: 123-129.

[147] DIZIER A, CHEN G, LI X L, et al. The PRACLAY Heater test after two years of the stationary phase [R]. [s. l.] : [s. n.], 2017.

[148] 陈卫忠，卢琛，于洪丹，等. 黏土岩温度-渗流-应力耦合作用的长期力学特性研究若干进展 [J]. 岩石力学与工程学报, 2021, 40 (2): 233-247.

[149] AKAGI H. A physico-chemical approach to the consolidation mechanism of soft clays [J]. Soils and foundations, 1994, 34 (4): 43-50.

[150] MARTIN R T. Adsorbed water on clay: a review [J]. Clay and Clay Minerals, 1960 (9): 28-70.

[151] ALMANZA R, CASTAÑEDA R, SILVA G. Temperature-electrolyte effects on clay soil liners [C] // Proceedings of the 1st International Conference on Unsaturated Soils. [S. l.] : [s. n.], 1995: 343-348.

[152] ROBINET J C, RAHBAOUI A, PLAS F, et al. A constitutive thermomechanical model for saturated clays [J]. Engineering Geology, 1996, 41 (1): 145-169.

[153] BALDI G, HUECKEL T, PELLEGRINI R. Thermal volume changes of the mineral-water system in low-porosity clay soils [J]. Canadian Geotechnical Journal, 1988, 25 (4): 807-825.

[154] 陈卫忠，龚哲，于洪丹，等. 黏土岩温度-渗流-应力耦合特性试验与本构模型研究进展 [J]. 岩土力学, 2015, 36 (5): 1 217-1 238.

[155] MORIN R, SILVA A J. The effects of high pressure and high temperature on some physical properties of ocean sediments [J]. Journal of Geophysical Research: Solid Earth (1978—2012), 1984, 89 (B1): 511-526.
[156] 马逢清. 冻融循环条件下府谷地区砂岩、泥岩物理性质及细观结构研究 [D]. 西安：西安科技大学, 2014.
[157] 冯西洲. 水对泥岩损伤作用机理的核磁共振试验研究 [J]. 科学技术与工程, 2018, 18 (32): 226-231.
[158] KLEINBERG R L, GRIFFIN D D. NMR measurements of permafrost: unfrozen water assay, pore-scale distribution of ice, and hydraulic permeability of sediments [J]. Cold Regions Science and Technology, 2005, 42 (1): 63-77.
[159] 马永尚. Boom Clay 温度-渗流-应力耦合非线性损伤及流变机理研究 [D]. 武汉：中国科学院武汉岩土力学研究所, 2015.
[160] DECLEER J, VIAENE W, VANDENBERGHE N. Relationships between chemical, physical and mineralogical characteristics of the Rupelian Boom Clay, Belgium [J]. Clay Miner, 1983, 18 (1): 1.
[161] AL MUKHTAR M, BELANTEUR N, TESSIER D, et al. The fabric of a Clay soil under controlled mechanical and hydraulical stress states [J]. Applied Clay Science, 1996, 11: 99-115.
[162] KWON S, PARK J H, CHOI J W. Application of FLAC 3D on HLW underground repository concept development [C] // FLAC andNumerical Modeling in Geomechanics. [S. l.] : [s. n.] , 2003: 145-152.
[163] JOHANSSON E J W. Use of FLAC in two underground repository project for low and medium level radioactive waste in finland [C] //FLAC and Numerical Modeling in Geomechanics. [S. l.] : [s. n.] , 1999: 303-310.
[164] CHIJIMATSU M, NGUYEN T S, JING L, et al. Numerical study of the THM effects on the near-field safety of a hypothetical nuclear waste repository—BMT1 of the DECOVALEX III project. part 1: conceptualization and characterization of the problems and summaryof results [J]. International Journal of Rock Mechanics and Mining Sciences, 2005, 42 (5): 720-730.
[165] MILLARD A, REJEB A, CHIJIMATSU M, et al. Numerical study of the THM effects on the near-field safety of a hypothetical nuclear waste repository—BMT1 of the DECOVALEX III project. part 2: effects of THM coupling in continuous and homogenous rocks [J]. International Journal of Rock Mechanics and Mining Sciences, 2005, 42 (5): 731-744.
[166] RUTQVIST J, CHIJIMATSU M, JING L, et al. Numerical study of the THM effects on the near-field safety of a hypothetical nuclear waste repository—BMT1 of the DECOVALEX III project. part 3: effects of THM coupling in sparsely fractured rocks [J]. International Journal of Rock Mechanics and Mining Sciences, 2005, 42 (5): 745-755.
[167] 谷达圣. 石口揭煤围岩体塑性区形成的特征及瓦斯抽采布孔参数的研究 [D]. 重

庆：重庆大学，2011.
[168] B J Graupner, H Shao, X R Wang, et al. Comparative modelling of the coupled thermal-hydraulic-mechanical (THM) processes in a heated bentonite pellet column with hydration [J]. Environmental Earth Sciences, 2018, 77 (3): 10.
[169] 周祥运，孙德安，林宇亮. 基于散热的高放废物处置库废物罐间距研究 [J]. 岩土工程学报, 2020, 42 (11): 2069-2077.
[170] 张龙鹏. 塔木素黏土岩温度-应力耦合作用下处置库稳定性研究 [D]. 南昌：东华理工大学，2021.
[171] Ruiping Guo, Hao Xu, Carlos Plúa, Gilles Armand. Prediction of the thermal-hydraulic-mechanical response of a geological repository at large scale and sensitivity analyses [J]. International Journal of Rock Mechanics and Mining Sciences, 2020, 1-13. https://doi.org/10.1016/j.ijrmms. 2020. 104484.
[172] 王驹. 第四届废物地下处置学术研讨会论文集 [C]. 北京：中国原子能出版社，2012.
[173] 李洪辉，赵帅维，贾梅兰，等. 高放废物地质处置 FEPs 清单筛选与情景开发初步研究 [J]. 世界核地质科学, 2016, 33 (2): 111-118+124.
[174] NAGRA. Project opalinus clay: FEP management for safety assessment, national cooperative for the disposal of radioactive waste: TR-02-23 [R]. Switzerland, 2002.
[175] Cranwell R M, Guzowski R V, Campbell J E, etal. Risk methodology for geologic disposal of radioactive waste: scenario selectionprocedure. No. 1990061 [R]. USA: NRC, 1990.
[176] SR-Can. Long-term safety for KBS-3 Repository at Forsmark and Laxemar-a First Evalution No. TR-06-09 [R]. Swede: SKB, 2006.
[177] SKB. Project safe scenario and system analysis No. 01-13 [R]. Swede: SKB, 2001.
[178] Sumio Masuda, Hiroyuki Umeki, Morimasa Naito, et al. Key aspects of the second progress report in the Japanese R&D programme for HLW disposal. WM'99 Conference [R]. Japan: JNC. 1999.
[179] Richard Little. Summary of relevant modeling issues arising from BIOMOVS/BIOMOVSII. ISAM meeting 24-28 Nov 1997 [R]. Vienna: IAEA, 1997.
[180] ONDRAF/NIRAS. Technical overview of the SAFIR-2 report–Safety assessment and feasibility middle report 2. No. 2001-06 E [R]. Belgium: ONDRAF/NIRAS, 2001.
[181] DOE. Consultation draft site characterization plan overview Yucca Mountain Site No. DOE/RW-0161 [R]. USA: DOE, 1988.
[182] POSIVA. Localisation of the SR 97 process report for Posiva's spent fuel repository at Olkiluoto [R]. Finland: POSIVA, 2004.
[183] SKI. Alligator rivers project final report No. 16 [R]. Swede: SKI, 1992.
[184] NAGRA. Kristallin-I safety assessment report. No. 93-22 [R]. Switzerland: NAGRA, 1994.
[185] OECD/NEA. Features, events and processes (FEPs) for geologic disposal of radioactive

waste, an international database [R]. Paris, 2000.
[186] OECD/NEA. Electronic version 2. 1 of the NEA FEP database developed on behalf of the Nuclear Energy Agency by safety assessment management Ltd [R]. 2006.
[187] 李洪辉. 高放废物地质处置安全评价初步思考 [A]. 中国岩石力学与工程学会废物地下处置专业委员会，等. 第5届废物地下处置学术研讨会论文集 [C]. 2014.
[188] OECD/NEA. Database developed on behalf of the Nuclear Energy Agency by Safety Assessment Management Ltd [R]. Paris, France, 1999.
[189] SKB. Scenario development methodologies No. 94-28 [R]. Swede : SKB, 1994.
[190] SKB. FEP report for the safety assessment of SR-Site, SKB TR-10-45 [R]. Stockholm: Svensk Kärnbränslehantering AB, 2010.
[191] OECD/NEA. Systematic approaches to scenario development: safety assessment of radioactivewaste repositories. Report of the NEA working group on the identification and selection ofscenarios for the safety assessment of radioactive waste disposal [R]. Paris, France, 1992.
[192] BSC. Waste form features, events, and processes, Bechtel SAIC Company, LLC, ANL-WIS-MD-000009 REV 02 [R]. USA, 2004.
[193] BSC. Defense HLW glass degradation model ANL-EBS-MD-000016 REV 02 October 2004, Bechtel SAIC Company, LLC, ANL-WIS-MD-000009 REV 02 [R]. USA, 2004.
[194] 凌辉，王驹，陈亮，等. 花岗岩型地质处置库情景试构建与分析 [J]. 铀矿地质, 2020, 36 (1): 59-66.
[195] OECD/NEA. Scenario development methods and practice, an evaluation based on the NEA workshop on scenario development Mdrid, Spain, May 1999 [R]. 2001.
[196] 李洪辉，李鹏，崔增琪，等. 高放玻璃固化体深地质处置过程中溶解机理分析与计算 [J]. 辐射防护, 2016d, 36 (1): 7-13.
[197] 杨仲田，梁栋，孙庆红，等. 高放废物地质处置安全评价的模拟与验证试验研究初步建议 [C] //中国岩石力学与工程学会废物地下处置专业委员会. 第三届废物地下处置学术研讨会论文集. 2010.
[198] 陈式，等. 放射性废物安全通论 [M]. 北京：原子能出版社, 2006.
[199] IAEA. Safety indicators in different time frames for the safety assessment of underground radioactive waste repositories: TECDOC. 767, [R]. Vienna, 1994.
[200] IAEA. The safety case and safety assessment for radioactive waste disposal: Safety Standards Series No. DS355 [R]. Vienna: IAEA, 2007.
[201] IAEA. The Safety Case and Safety Assessment for the Disposal of Radioactive Waste [R]. No. SSG-23, Vienna, 2012.
[202] 代稳，谨洪星，全双梅. 水资源安全评价指标体系研究 [J]. 节水灌溉, 2012 (3): 40-43.
[203] 刘博. 城镇地下水水源地安全评价方法及应用 [D]. 长春：吉林大学, 2015.
[204] 陈亮，王驹，刘健，等. 高放废物地质处置岩体适宜性评价方法 (Q_{HLW}) 及其在地下实验室选址中的应用研究 [J]. 岩石力学与工程学报, 2018, 37 (6): 1385-

1394.
[205] 邱国华，李金凤，刘森林，等. 放射性废物处置安全全过程系统分析及有关问题的探讨 [J]. 辐射防护，2018，38（2）：95-100.
[206] 凌辉，王驹，陈伟明等. 高放废物地质处置安全全过程系统分析研究进展 [J]. 辐射防护，2018，38（2）：101-109.
[207] IAEA. Geological disposal facilities for radioactive waste：IAEA safety standards series NO. SSG-14 [R]. Vi-enna：IAEA，2011.
[208] 李静晶，刘森林，李金凤，等. 放射性废物处置安全全过程系统分析中的指标 [J]. 辐射防护，2018，38（2）：89-94.
[209] 凌辉，王驹，唐振平，等. 花岗岩高放废物地质处置库选址与安全评价 [J]. 南华大学学报（自然科学版），2018，32（5）：38-43.
[210] 刘翔宇，殷玥，杨球玉，等. 放射性废物处置安全全过程系统分析的要素 [J]. 工业建筑，2018，48（4）：13-17.
[211] 王驹. 中国高放废物地质处置 21 世纪进展 [J]. 原子能科学技术，2019，53（10）：2072-2082.
[212] 沈珍瑶. 高放废物处置的几个问题 [J]. 辐射防护通讯，2000（3）：43-44.
[213] 钱七虎. 钱七虎院士文集 [M]. 北京：科学出版社，2007.
[214] IAEA. 德国—放射性废物处置，高放废物地质处置资料汇编 [Z]. 国防科学技术工业委员会，2005.
[215] Swiss Federal Office of Energy. Sectoral Plan for Deep Geological Repositories Conceptual Part [R]. 2008.
[216] 蒲谢东. 桩基荷载下串珠状隐伏溶洞围岩稳定性研究 [D]. 重庆：重庆大学，2017.
[217] 张倬元，王士天，王兰生，等. 工程地质分析原理 [M]. 3 版. 北京：地质出版社，2009.
[218] 张玉江，邵珠娟，袁红辉，等. 不同高径比煤岩力学性能及破坏特征实验研究 [J]. 中国矿业，2020，29（5）：110-114.
[219] Eryu Wang，Guangbo Chen，Xiaojie Yang，Guofeng Zhang，Wenbin Guo. Study on the Failure Mechanism for Coal Roadway Stability in Jointed Rock MassDue to the Excavation Unloading Effect [J]. Energies，2020，13（10）.
[220] Juyu Jiang，Dong Wang，Xinping Han，Shuai Di，HugoRodriguesRelationship between Brittleness Index and Crack Initiation Stress Ratio forDifferent Rock Types [J]. Advances in Civil Engineering，2020.
[221] Hou Lianlang，Liu Xiangjun，Liang Lix，Xiong Jian，ZhangPing，XieBin，Li Danqiong. Investigation of coal and rock geo-mechanical propertiesevaluation based on the fracture complexity and wave velocity [J]. Journal ofNatural Gas Science and Engineering，2020，75（C）.
[222] 李军，翟文宝，陈朝伟，等. 基于零厚度内聚力单元的水力裂缝随机扩展方法研究 [J]. 岩石力学，2021（1）：1-16.
[223] 董陇军，李夕兵，白云飞. 急倾斜煤层顶煤可放性分类预测的 Fisher 判别分析模型

及应用［J］. 煤炭学报，2009，34（1）：58-63.
［224］董陇军，李夕兵，赵国彦，等. 露天采矿爆破振动对砌体结构破坏效应预测的 Fisher 判别模型及应用［J］. 岩石力学与工程学报，2009，28（4）：750-756.
［225］付玉华，董陇军. 基于 Fisher 判别的煤层底板突水量预测研究［J］. 矿业研究与开发，2009，29（3）：70-72.
［226］朱川曲，冯涛，施式亮，等. 神经网络在锚杆支护方案优选及变形预测中的应用［J］. 煤炭学报，2005，30（3）：322-326.
［227］陈建宏，刘浪，周智勇，等. 基于主成分分析与神经网络的采矿方法优选［J］. 中南大学报（自然科学版），2010，41（5）：1967-1972.
［228］张士科，茹忠亮，赵洪波. 基于 MATLAB 的 BP 神经网络在煤巷锚杆支护设计中的应用［J］. 煤矿机械，2008，29（6）：153-156.
［229］徐自祥，周德云，罗奕然. 基于主成分的模糊神经网络［J］. 计算机工程与应用，2006，42（5）：34-36.
［230］朱凯，王正林. 精通 MATLAB 神经网络［M］. 北京：电子工业出版社，2010：193-205.
［231］武玉霞. 基于 BP 神经网络的金属矿开采地表移动角预测研究［D］. 长沙：中南大学，2008.